U0175503

养老，从20岁开始

让你受益一生的理财通识课

[美] 戴夫·拉姆齐 ———— 著

高 妍 ———— 译

民主与建设出版社

·北京·

© 民主与建设出版社，2021

图书在版编目（CIP）数据

养老，从 20 岁开始 : 让你受益一生的理财通识课 /
（美）戴夫·拉姆齐著 ; 高妍译 . -- 北京 : 民主与建设
出版社 , 2021.8

书名原文 : The Total Money Makeover

ISBN 978-7-5139-3605-7

Ⅰ . ①养… Ⅱ . ①戴… ②高… Ⅲ . ①家庭管理—财
务管理—基本知识 Ⅳ . ① TS976.15

中国版本图书馆 CIP 数据核字（2021）第 122529 号

THE TOTAL MONEY MAKEOVER © 2013 BY DAVE RAMSEY

Copyright©2013 by Ramsey Press

Simple Chinese language edition published in agreement with The Lampo Group, Inc.,
through The Artemis Agency.

著作权合同登记号 图字 : 01-2021-4368

养老，从 20 岁开始：让你受益一生的理财通识课
YANGLAO CONG 20SUI KAISHI RANG NI SHOUYI YISHENG DE LICAI TONGSHIKE

著　　者	［美］戴夫·拉姆齐
责任编辑	郭丽芳　周　艺
策划编辑	曾柯杰
封面设计	尧丽设计
出版发行	民主与建设出版社有限责任公司
电　　话	（010）59417747　59419778
地　　址	北京市海淀区西三环中路 10 号望海楼 E 座 7 层
邮　　编	100142
印　　刷	天津旭非印刷有限公司
版　　次	2021 年 8 月第 1 版
印　　次	2021 年 8 月第 1 次印刷
开　　本	880 毫米 ×1230 毫米　1/32
印　　张	8.25
字　　数	173 千字
书　　号	ISBN 978-7-5139-3605-7
定　　价	49.80 元

注：如有印、装质量问题，请与出版社联系。

一个越早实施效果越好的健康理财计划

刚看到这个书名时，我还有点纳闷，现在的年轻人居然这么早就开始担心养老问题了？直到有一天，我朋友圈里的一位90后朋友发信息说："吹空调，看书，喝酒，一个完美的周末下午。那么问题来了，什么时候才能退休啊！"

这里的"退休"自然是一个笑谈。但不可否认，年轻人对未来有多么向往，内心就有多么焦虑。他们期待的"退休"，其实就是渴望能早日实现财富自由，不用每天996也随时有钱花，有时间去做一切自己想做的事。

没有人不希望实现财富自由，过上有品质的生活。但大多数人的收入还不足以完成这个梦想。为此，有些人选择拼命工作30年，用时间与血汗来换金钱，少壮先吃苦，老来再享福。另一些人则不愿等太久，为了追求当下的光鲜进行超前消费，成为寅吃卯粮的"月光族"。后者在朋友圈里有了面子，却因此陷入债务泥潭，丢了里子，他们将来的退休生活堪忧。前者的勤奋固然值得称赞，但积累财富不能只拼蛮力，还得讲究理财技巧，否则注定事倍功半。

《养老，从 20 岁开始——让你受益一生的理财通识课》本书最打动我的地方在于，它彻底打消了那种靠超前消费提高生活品质的幻想，并为读者准备了一套科学合理的理财方法——金钱再生计划。

金钱再生计划跟一般的投资理财方法不一样，它主要强调有效平衡收支，循序渐进地减少负债，为人生各阶段的核心需求准备充足的钱。这实际上是一个覆盖全生命周期的科学理财方法。

月光族可以从中学会如何储备应急基金，削减不必要的开支。债务缠身的人能通过"债务雪球"来迅速偿清负债。家长可以给孩子留下充足的大学教育基金。而即将退休的老人也能通过金钱再生计划保持晚年的财务健康。你在每个年龄段的生存发展需求，都被安排得明明白白。

作者美国理财专家戴夫·拉姆齐是金钱再生计划的创始人，有多本畅销书荣登《纽约时报》的图书榜单。早在 2008 年次贷危机爆发之前，他就一直批评美国人借贷消费的观念。他在书中列举了许多"破产者"的生活实例，包括生重病的中年夫妇、退休后入不敷出的老人、离异的单身妈妈、刚踏入社会的小夫妻等。他们都因为超前消费而负债累累，又同样因为戴夫先生的金钱再生计划迎来了命运的转机。

毫不夸张地说，这本书提倡的理财方法适用于大多数人，特别是对未来充满遐想的年轻人。如果能从 20 岁开始实践金钱再生计划，你就有希望比同等收入水平的同龄人更快地改善财务状况，早一天得到自己想要的有品质的生活。希望大家都能通过阅读这本书提高自己的理财能力，规划一个美好的人生。

编　者

2021 年 5 月 19 日

目录

I

08　完成应急基金计划：赶走墨菲定律

09　最大化退休投资：保持生活中的财务健康

10 / 大学教育基金：确保孩子的财务也健康

11 / 付清住房贷款：实现财务健康

12 / 疯狂地积累财富：成为万能的金钱先生

13 / 过上与众不同的生活

附录　金钱再生工作表格

许多人的生活因为这本书而改变，读一读他们的故事吧！事实上，我建议您先看故事，再看其他的内容。因为这些故事会激励你将这本书从头到尾读完，并且认真落实这个经过实践证明的财务健康计划。

很多年前，我感受到了一项使命的召唤：那就是向世人揭示债务和金钱的真相，并且赠予他们希望以及必要的工具，助其实现财务自由。一开始，我从发表演讲做起，并且自费出版了一本名为《财务和平》的书。后来，《财务和平》这本书被一家纽约出版商出版，成为我第一本登上《纽约时报》畅销书排行榜的著作。随后，我开始在一家地方电台做广播节目。现在，这档节目已经在450多个电台播出，每周听众足足有数百万人。接下来，我的团队开设了一个为期13周的"财务和平大学"课程，超过100万个家庭参与其中。在这之后，我就开始撰写这本书。

我确信，个人理财80%取决于行为，只有20%取决于头脑。我们对个人行为的关注让我们意识到大多数人只知道花钱，却不知道如何理财——这使得我们对理财有了不同的看法。大多数金融从业者的常见误区在于老是试图跟你展示一大堆数字，因为他们断定你并不知道这些数字是怎么算出来的。我认为关于我的财务问题的核心就是镜子里的那个自己。如果他守规矩，就能赢得财富。财富的积累其实很简单，不像造火箭那么复杂，但是你必须行动起来！

　　我所教授的经过实践检验的金钱再生计划之所以成功，并不是因为我发现了财富的秘密，也不是因为我掌握了别人所不知道的关于信用卡的秘密，更不是因为我是唯一一个了解"债务雪球"计划的人。我的这个计划在全美国范围内都获得了成功，因为我意识到，想要改变你的财务状况，首先得改变你自己，改变你自己的生活方式。当你的生活方式发生改变，你会以难以置信的速度从债务中解放出来，你的收入和投资也会以惊人的速度增长。当你阅读书中的故事时，你读的并不是数学或者魔法，而是关于如何改变生活的故事。你会看到焕然一新的婚姻与人际关系。当你开始改变生活方式，你的人生就会脱胎换骨。

　　所以，当托马斯·纳尔逊出版社的总裁兼 CEO 麦克·海厄先生建议我写这本书时，我兴奋不已。因为我知道，这本书可以激励读者们马上行动，通过简单的办法，循序渐进地改变自己的生活。希望是从隧道尽头发出的亮光，不是源自呼啸而来的火车，它会给人带来一种强大的力量。这本书已经给成千上万的家庭带来了希望——获胜的希望。这种希望促使他们行动起来，最终战胜财务困难及对生活的担忧，成为更好的自己，得到更好的生活！我在全国各地遇到的许多人都跟我说，这是他们十年来第一次读到这种类型的书，不得不让人感到震惊。本书适用于任何人，比如像我这种高收入的人，或者还在底层挣扎的人，也就是曾经的我。

　　在这本书中，你会了解这个经过实践验证的计划，以及迈向成功的过程。你会发现，这个计划虽然很简单，却非常鼓舞人心。这个计划的原理并不是我的原创，是我从上帝和你祖母那里偷来的。其实这些原理都是常识，只不过现在不常见了。这个计划是我的。我不是天才。只是通过广播、电视、书籍、课程、网络、邮件、博客、现场活动来观察跟我互动的数百万人，从而创造出这个计划。我已经成功地将金钱常识融入计划中，这是一个任何人都可以完成的计划，而且有数百万人正在践行它！

　　几十年前，当我第一次谈及这些原理时，我知道它们帮助我和我的妻子莎伦从破产中幸存下来，并且让我们的日子渐有起色。当我最开始谈论金钱的时候，对于这些原理并不像现在这样有信心。如今，我看着无数遵循这个计划的人，和我们一样经历了兴奋、希望和感激。我不仅仅给了他们一个行之有效的计划，更激励他们改变了自己的人生道路。对此，我深感欣慰。

我对于金钱再生的原理非常有信心，以至于当有些人不能接受它的时候，我都无法忍受。因为我非常确信，我的计划对每个人都会起作用，所以我对同样问题的答案永远也不会变。我已经说服了数百万人，让他们明白并接受一些基本的真理和常识，通过金钱再生来改变他们的生活。那么你会是下一个吗？

这本书不是什么

也许你难以相信，我收到了很多恐吓信和指责。受这本书中我说过的或是没说过的话的影响，很多人产生了消极情绪并对我进行漫骂。这事很有意思。要是因为我喜欢冒犯别人，或者喜欢看那些人是怎么骂我的话，这事就很无趣。而我觉得有意思是因为我从此事中得到两点启发：第一，有一些人需要被戳到痛处，而我恰巧做到了这一点，这样才能促使他们改变自己的生活；第二，我孜孜不倦地追逐真理。（亚里士多德曾经说过："为了免遭批评而什么也不说，什么也不做的人，最终不会成器。"）如果我什么都不说，什么都不做的话，还怎么帮助上百万人来改变生活呢？所以，我把这些愤怒、批判甚至是恐吓，都当作对我的鼓励。

出版社曾经建议我"回应批评声"。我对此并不在意。我的祖母曾经说过："那些说违心话的人其实跟你的观点一样。"尽管如此，我亲爱的读者们，我不希望你们被误导。所以我要告诉你，这本书不是讲哪些内容的。这样你就可以决定，是否将自己血汗钱花在这上面。

这本书不复杂

如果想寻找一本详细深入的投资指南，你将一无所获；如果想要从此书中找到只为了满足作者自我炫耀但其文字让你昏昏欲睡的学术理论说教，你也会一无所获。因为我发现，那些最深刻的、可以改变人生的真理，其实多是大道至简。

我们的社会文化推崇复杂与高深。我们受到的教诲是，在金融的世界里要表现得高贵不凡。有些人认为，简单的思想不会深刻，只有"小人物"才头脑简单。这绝对是一个错误而傲慢的想法。我见过许许多多的百万富翁，而他们的投资和理财哲学其实非常简单。就在这周，我和一位净资产超过 2000 万美元的朋友讨论投资和商业框架。他对我说："我的方法永远都是简单明了。"只有那些金融傻瓜，为了证明自己的存在，或者证明自己受教育的那些钱没有白花，才会把事情复杂化。所以，请千万不要把这本书当成详细的房产计划或是深奥的投资的指南。因为那并非我的工作。我所做的是帮助人们理解和践行关于理财的古老真理，然后真正改变他们的一生。

这本书的内容不是没人说过

无论过去还是现在，都有很多作者写了值得一读的理财书籍。这本书里的内容，绝大部分你都可以在其他作者那里听到或读到。我们经常在广播节目中说，我们给出的理财建议和你祖母说的相同，只不过我们用心实践了。我建议你和我一样，多读一读不同作者写的书。在理财方面，我少有独创。我所做的不过是将知识经验打包整理成一个可行的计划，并激励更多人真正去实践它。大多数人都知道应该做什么，只是知易行难。

就好比说怎么样才能减肥呢？管住嘴，迈开腿。我知道要这么做，然后在减肥的同时买了几本相关书籍来仔细阅读，然后我瘦了 30 磅。这些书的作者

告诉了我什么具有开创性的伟大思想吗？并没有。他们只是给了我一个行动计
划和一些我已经知道但是必须要做的辅助细节。欢迎来到我的世界。

这本书不会误导你的投资回报

在投资收益方面，总有一些人一无所知。无知并不是缺乏智慧，是真的
"一无所知"。可悲的是，很多聪明但是无知的人认为，长期投资不可能获得
12% 的收益。他们认为如果我说你可以有 12% 的收益，那么我就是欺骗你或
者误导你了。

在本书中，我建议将良好的成长型股票共同基金作为长期投资，并大胆地
告诉你，你的资金在一段时间内会获得 12% 的收益。我敢这样说是因为我在
标准普尔 500 指数（Standard & Poor's 500）的历史平均收益中找到了数据支持。
标准普尔 500 指数涵盖了美国经济主要行业中规模最大的 500 家公司，是公认
的衡量美国股市的最佳指标。截至本书撰写之时，标准普尔 500 指数在过去的
80 多年里，平均每年上涨 11.69%，其中也包括 2008 年股市的大幅下跌期间。

这是否意味着你可以预期收益每年增长 12% ？当然不是。事情不是这样
的。市场无时无刻不在涨跌，有时还真是一次相当疯狂的旅行。在写这篇文
章时回顾过去的几年，它就像一个滚轴云霄飞车。2009 年，市场年回报率为
26.46%。2010 年的是 8%。而在 2011 年，实际上跌落到了 –1.12%。但是真正
的长期投资者不会太担心年度回报，他们目光长远，知道收益有些年会上升，
有些年会下降。

大多数专家和哪怕只上过一节金融课的人都会认同，标准普尔 500 指数是
一个理想的衡量股市收益的统计工具。它是一种标准化指标，或者说是个风向
标，几乎所有股票、基金持有者都会将其收益与标准普尔 500 指数进行比较。
再说一遍，标准普尔 500 指数的收益略低于 12%。这就是我在举例时使用它
的原因。这不是一个神奇的数字，只是投资话题的一部分。

很多年前，我买了一个成长收益型共同基金，目前仍在往里面投资。自 1934 年以来，这个基金的平均年收益为 12.03%。上周我又买了一个共同基金，自 1973 年到现在，平均年收益为 13.9%。我手里还有一些基金，一个自 1984 年以来平均年收益为 12.01% 的，另一个自 1973 年以来平均年收益为 12.39% 的，还有一个自 1952 年以来平均年收益为 11.72% 的。任何一个像老师一样有良知的股票经纪人，都能为你找到就长期而言平均年收益超过 12% 的基金，即使在他 / 她睡觉的时候，依然能为你赚钱。所以，当你考虑投资时，如果有人告诉你，即使考察 10 年或者更长的时间也无法确保得到 12% 的收益，那么千万不要相信他们的无稽之谈。

这本书不仅仅关于数学、统计、事实和数字

这本书是关于生活的。我之前已经说过，个人理财只有 20% 取决于头脑，而剩下 80% 是取决于行为。这世上没有什么神奇的数字可以改变你的生活，也没有什么利率或者回报率可以让你的生活一下子变好，这也是为什么我教授的是理念，而不是数学公式。任何经济数据、平均值或是百分比，都会随着时间的变化而变化，但是书中所讲到的原则和理念则不会变。

这本书不是由没有学术背景的人写的

我很少列举出我的学术教育背景，因为说实话，我认为这些不重要。我见过很多破产的人，他们都有金融方面的资历，这让我对自己曾经接受过的正规教育产生怀疑。是的，我有金融方面的学位；是的，我在房地产、保险和投资方面有过或者正在获得相关执照；是的，我的名字后面跟着很多愚蠢的头衔。但是让我最有资格教授理财知识的一点是我曾经的确做过傻事。如果愚蠢也有学位，那么我就是个"笨蛋"博士。我知道恐惧和受伤是什么感受，知道婚姻因为经济压力而岌岌可危是什么样子，知道我的希望和梦想被自己愚蠢的决定

所粉碎是什么滋味。正是这些经历，让我有资格去帮助、去爱那些正在受伤的人。还有一个重要的资格，那就是我正是用自己教给大家的原理，积累了个人财富。我和我的妻子都经历过书中所写的内容。我们教的不是理论，而是实践！

但是，让我最有资格的，是这本书让美国成千上万的人实现了财务自由，说明这东西真的有用。所以，不要接受破产的人给你的理财建议。

这本书不是政治正确

我之前说过，个人理财80%取决于行为。为了正确地看待行为，并且明白如何明智地改变行为，我们必须要考虑几件事。要理智地看待行为，就要考虑到情感、人际关系、家庭历史、社会经济和精神上的影响。如果忽略这些要素，关于改变金钱行为的讨论则会不完整，而且也很幼稚。所以我在这本书里开诚布公地讨论精神层面。这是一本关于"经过验证的健康财务计划"的书，是我和我的团队经过20多年努力的成果，只是计划里包括了解决围绕金钱的精神层面的问题。所以这让我从两方面感到心烦，一方面因为我的书中写了精神方面的内容而导致一些人不喜欢；另一方面一些人认为我的书在精神层面的内容远远不够。无论怎样，我已经提醒过你了。

这本书不是错误的

不要把极度自信和自大混为一谈。我非常自信书中的内容是有用的，因为数百万人已经从中获益。但是我并不傲慢自大，因为我知道别人生活的改变都不是我个人使然。我教的东西是真理，真正对生活的改变要负责的，是这些真理。虽然有时人们认为自己的情况可能不同，但我的回答都是相同的。事实上这些情况并没有什么不同，这些原则都是站得住脚的，而且每次都会起作用。

这本书和我其他的书不一样

当我们准备写本书时，必须要扪心自问：我们是否可以理直气壮地上架，难道要让读者们再买一本内容相同的书吗？凭良心讲，我不能这么做。现在《财务和平》这本书已经卖了将近 200 万册，所以我真的要再写一本一模一样的吗？我的结论是，这两本书存在明显的差异。

《财务和平》讲的是"如何理财"。对于常识性的资金管理来说，这是一本不错的教科书。那么本书有什么不同之处？这本书讲的不仅是"做什么"，而是"怎么做"的计划，是一本有关理财过程的书。我们的目的，是将灵感和信息精心编织成一个循序渐进的计划。的确，你会在这本书中发现很多与我其他书里相同的主题和原则。不过这本书的不同之处在于，这是一本以过程为导向的书。

如果你只是为了收集事实和数据而寻找大量信息的话，这本书会让你失望。但是如果你想要参与与金钱相关的事情，那么你会喜欢这本书。很多《财务和平》的读者告诉我，《财务和平》介绍了理财的概念，而本书为这些概念提供了很好的支持依据，所以他们也很欣慰可以读到这本书。不过我要再次重申，不要在这本书里寻找什么秘诀或者全新的理论。

这本书没有收到任何抱怨和批判

那些照这本书做的人没有抱怨。从来没人写信告诉我："我做了预算，还清了债务，和我的爱人达成共识，并且积累了财富——我讨厌这样。"对于那些遵循这个计划，并且获得财务自由新生活的人来说，他们的生活已经永远改变了！难道你不想经历这样的转变吗？你可以成为下一个成功的人。你可以从今天就开始，执行你的金钱再生计划！

飞翔的火鸡和裸泳

我的祖母是一位教戏剧文学的二年级老师。小时候，我经常坐在她腿上，听她声情并茂地给我讲很多故事。

在她给我讲的众多儿童故事里，有一个关于三只小猪的故事：一只小猪用稻草盖房屋，一只小猪用木头盖房屋，另一只小猪用砖头盖房屋。你肯定也听过这个故事，其中两只小猪"又快又差劲"地盖完了房子，在旁边手舞足蹈地嘲笑那只用砖头盖房子的小猪，因为它花费了太多的时间和精力才把房子盖好。不过当暴风雨来临，这两只目光短浅的小猪，最终还是搬到了另一只小猪家里。为什么呢？因为这只小猪做好了充分的准备来应对风雨，而另外两只小猪只能看着房子坍塌。

金融风暴，真正的风暴

2008 年，一场巨大的金融风暴席卷了美国以及世界其他地区。和上面讲的故事一样，只有那些地基牢固的房子才能幸存下来，其余的房子都被吹翻了。那些根基深厚的公司存活了下来，根基不牢的公司则退出了历史舞台。很多曾经辉煌的企业，做了一些不良投资、高风险投资而导致债务堆积如山，把辛辛苦苦打下的基业消磨殆尽。很遗憾，许多公司要么已经成为历史，要么已经被别人收购。

究竟发生了什么呢？毕竟这不是一本经济学教科书，所以我们不会在此详细地分析每一个细节。不过回顾这些事件，从中吸取教训，对改善你的个人资金运转很有益处。如果像坐飞机从三万英尺的高空俯瞰地面一样，你将会看到这样的景象：

那些陷入严重的财务危机并破产的人，用可怕的条件和极高的利率，从贪婪的银行家那里贷款用以买房。这些贷款不是优质（好的）贷款，准确地讲应该叫作次级贷款，也就是这些抵押贷款不够好。

这种贷款一直存在，但是从未达到过如此之大的规模。为了获得更多利润来维持股价上涨，银行和投资银行家们开始大量购买这种贷款。这种几年前在投资界无法想象的事情，现在却成了常态。

这些曾经合法、正直的银行和投资银行家们，摇身一变成了熟练使用各种复杂金融工具的高利贷者。多年来，抵押贷款行业都是将优质抵押贷款打包成债券的形式出售。或许你听说过房利美债券。曾经的房利美债券（Fannie Mae）是以单位或债券的形式出售的一种优质抵押贷款。而在这个愚蠢的时期，很多次级（不良）贷款也被一起打包，以债券的形式出售。

我们生活在充满因果关系的世界里，种瓜得瓜，种豆得豆。随着形势恶化，破产的人没有偿还他们的抵押贷款。不知什么原因，这让那些贪婪的银行家们感到吃惊。他们居然会震惊！他们刚知道破产的人还不起房贷！想想吧。

最大的问题在于规模。很多破产的人不再还贷，因此丧失抵押品赎回权的人数开始急速上升。在市场繁荣时，一些房地产价格被人为抬高，取消抵押品赎回权让房价开始回落，并且一跌再跌。

随着房价一路走低，那些相对可靠的房主也开始陷入麻烦。人们对华尔街可能崩溃的恐惧导致股票价格也开始下降。当这种恐慌蔓延到华盛顿时，就已经变成了一场全面的恐慌。一旦恐慌传到了新闻媒体，事态就变得失控。

美国消费者每天都能在电视里看到这样歇斯底里的场景。随着他们的401(k)① 养老金和房屋价值的下降，他们明智地决定，再也不能像喝醉酒的国会议员那样乱花钱了。

当我们急速停止购买时，经济开始放缓，各地企业开始遭到伤害。深陷债务和现金短缺的公司逐渐倒闭，很多企业几乎在一夜之间消失。人们不再购买

---

① 美国政府设计的一种由公司和员工共同参与的个人退休计划。

洗衣机和烘干机，于是洗衣机和烘干机制造商开始裁员，失业率上升。这种现象只会加剧恶性循环，迫使房地产和股票价格持续走低。

好消息，坏消息

好消息是，我们正处于经济持续复苏的过程中。有些人在个人层面上吸取了惨痛的教训；有些人从更广的国家层面，上了一堂经济学课。而还有很多人，什么都没学到。

更大的好消息是，从情感上来讲，这是属于你们中一些人的大萧条时期。大萧条时期会永久地改变很多人的理财方式，像 1929 年到 1933 年的金融危机就改变了很多人的理财方式，如果你的祖父母辈在那个时期已成年，那么他们对于债务、储蓄和捐赠的看法，可能与其他几代人完全不同。这是因为，他们已经有了经验。正如我的牧师曾说："有经验的人不会任由没经验的人摆布。"

20 多年前，我经历了一次破产，那段经历改变了我的一生。在过去的 20 多年里，我在生活中一直遵守这本书里提到的原则。所以，当 2008 年的这场风暴来袭时，我成了一个旁观者，一点都没受到伤害。事实上，我在房地产和股票市场下跌的时候，用相当划算的价格购买房产并重仓持股，反而利用金融危机赚了钱。

我花了 20 多年时间，试图说服人们按照本书中的原则来处理生活中的问题。很多人听了我的建议，所以当暴风雨来临时，他们就和我一样做好了准备。因为他们已经打下了坚实的基础。

飞翔的火鸡

本书对你来说究竟意味着什么呢？这次的金融风暴给我们的第一个教训就是，你的理财计划和原则必须在繁荣的时候和萧条的时候都要起作用，否则就是完全没用。我们的经济长久以来一直保持了繁荣，以至于只有最愚蠢的想法才会被淘汰出局。这就让人们误以为笨蛋都能变聪明。换句话说，愚蠢的人们好久没接受考验了。所以当考验降临时，嗯，他们看起来真的很蠢。

当经济繁荣时，你可以草率地用钱做傻事，冒巨大的风险而完全不自知。我曾经听人说："即使是火鸡，也能在龙卷风中飞翔。"人们东奔西走，本来也没钱，还要买自己负担不起的东西，就是为了让不喜欢的人对自己刮目相看。他们不断刷新自己的消费纪录，更糟糕的是，他们还真以为自己拥有了那些东西！

他们就像是那两只用稻草和树枝盖房子的小猪一样，只要外面阳光灿烂，生活依然无忧无虑。而那只抱着砖头的小猪，看上去则有些呆板，过于保守，甚至有些疯狂。不过当真正的考验降临之后，他们的房子一下子就塌了。

美国最伟大的商业作家之一，吉姆·柯林斯（Jim Collins）出过一本书，名为《巨人如何倒下》（*How the Mighty Fall*）。在这本书中，他讨论了企业失败时五个衰退阶段。了解这些，对国家经济，对你我的生活，都有很大的用处。

柯林斯说，衰退第一阶段的特征是狂妄自大。骄傲自满，再加上自以为所向无敌的错误观念，会带来巨大的风险。对于我们而言，这是指自以为"我的工作很'稳定'，我可以用我的'工作'来'轻松支付'这些钱"，那就是不仅借巨款消费而且不留任何存款的人。

这种狂妄自大的心态会让人忽略风险或不承认风险。这听起来像极了 20 年前濒临破产的那个我。我被灌输了一大堆关于金钱的谎言，却以为那是真理。我认为自己可以无视风险和制约因素，因为我是那么的聪明。于是我用纸牌搭了一座房子，都不要说真正的暴风雨了，来一阵微风就能让它应声倒下。

我们得到的教训是，不要因为看见火鸡在龙卷风里飞，就认为火鸡真的会飞。不要因为你在繁荣时期能靠不切实际的投资理论过上有负债而没有现金存款的生活，就以为自己同样可以在经济不景气时生存下来。谨记，你的理财方式，必须在繁荣时期和衰退时期都有效。

裸泳

　　沃伦·巴菲特有句名言："只有当潮水退去，你才知道谁在裸泳。"多年来我一直告诉大家，如果你手上的"地图"很劣质的话，那么你会迟到或者完全错过宴会。你在生活中奉行的原则，将会决定你获得什么程度的成功。比如你规划婚姻生活时拿的地图不好或者做出了错误的假设，那么你的婚姻终将会失败。如果你有美好的愿望却用错误的想法来建设自己的金融大厦，那么你的金融大厦也会倒塌的。我自己很久以前就亲历过这一切。在近期发生的经济衰退中，越来越多的人发现，他们关于金钱理论和金钱运作的假设都是错误的。他们痛定思痛，终于意识到了自己的错误。

　　即使一切顺利，超支就是超支。利用债务来投资房地产或股票市场，以求赚快钱的行为，将会导致你在市场转变那一刻走向破产。落入那些一夜暴富的骗局，比如彩票或者投资黄金等，总会给你带来痛苦。而雇用其他人，比如债务结算公司等，来解决生活的窘迫，实际上也是行不通的。

　　这本书前两版讲到的所有骗局，即我们的社会文化中传播已久的谎言，已经在这次经济危机中得到验证。如果你按照这本书中所讲的方式生活，那么无论顺境还是逆境，你都可以让自己立于不败之地。

　　我有一个朋友叫克里斯，他给我讲了一个有趣的故事，是发生在经济衰退期间的。克里斯在一家众所周知的大公司里工作了13年。大概7年前，他开始金钱再生计划。两年前我见到他时，他满脸笑容跑过来紧紧拥抱我，并且自豪地说自己"无债一身轻"，连房贷都没有。他的的确确债务清零，而且还存了3.8万美元的应急基金。

　　一年前我再次见到他时，他又给我讲了一个有趣的故事。在一起工作这些年里，他和他的老板成为了好朋友。那一周，他的朋友，也就是他老板，脸色苍白并嘴唇颤抖地走进了他的办公室，说道："我不知道该怎么跟你说，公司让我解雇你。"克里斯一下子从椅子上蹦了起来，小跑着绕过办公桌给了他朋友一个大大的拥抱，并且说："哎呦！离职补偿金给多少呀？"

公司给了他 7 万多美元的离职补偿金，现在他开始自己创业开公司了，这是他多年来一直想做的事情。他没有一点压力，相反，他只看到了机会，因为他已经做好了准备。当我写到这里时，他新开展的生意，其收入已经比原来的工资翻倍了。

然而，很多人的生活截然相反。当他们得知被裁员时，只能脸色苍白、嘴唇颤抖。如果你失业了，正在苦苦挣扎，我不会指责你。因为我也经历过这个艰难的时刻。但是我希望你可以像我一样，当面对自己愚蠢的决定和毫无准备的痛苦时，大声地说："再也不会这样了！"下次……好吧，应该不会有下次了。

所以我祈祷，无论你在上一次的经济衰退中经历了何种恐惧和痛苦，你都能从中吸取教训。永远都要记住，金融骗局在你面对考验之时露出其愚蠢的真面目的一天。

我见过很多人，他们在大萧条时期还是个孩子，但都很好地吸取了教训。他们现在生活富足，只承担那些经过仔细计算的可控风险。他们所经历的经济极端时期，比你们所经历的要多得多。但我们仍然可以从中学到很多，不让自己再次陷入过去几年的疯狂中。是时候开始你的金钱再生计划了。你准备好了吗？

01 | 让金钱"再生"的挑战

虽然是 20 年前的事了,但一切仿佛发生在昨天,我仍然能体会到那种感受,就好像皮球隐没在杂草中。那种失控、迷茫、无能为力的感觉真的很难受,恐惧就像冬日午后的阴影一样在房间里蔓延。我坐在餐桌前,这个月还没过完,而钱已经所剩无几,这让我完全高兴不起来。这是"成年人"要处理的事情,妻子指望着你养家糊口,孩子指望着你吃饱穿暖,但我这样一个所谓的"成年"男人却毫无用处。我觉得自己并不是一个强大的成年人,相反,我的内心深处住着一个充满恐惧的小男孩,他现在非常害怕,害怕这个月的账单,害怕这个月的抵押贷款。当我考虑未来的时候,他更吓得不行。我要如何做,才能不为钱发愁、才能送孩子上大学、才能让妻子放心、才能没有后顾之忧地退休去享受生活呢?

一个"正常"的美国家庭

我每个月都坐在那张桌子前,面对同样的担忧、恐惧和问题。我负债累累,积蓄却太少,也无力掌握自己的人生。无论我多么努力工作,最后还是会失败。我觉得自己将永远成为银行家、政府以及家人"需要"的奴隶。莎伦每次和我"讨论"家里的钱财都会以吵架收场，这让她感到忧心忡忡，也让我感到灰心丧气。

要买房买车，要送孩子上大学，我们的整个未来似乎遥不可及。我不需要一个一夜暴富的家伙来给我打气，或者告诉我要积极乐观地面对。我也不需要致富的秘方。我不害怕艰苦的工作或者牺牲，我不想只是"觉得"自己的生活方式变得很"积极"。不过有件事我很肯定，我厌倦了这种被脆弱和疲倦折磨的感觉。我厌倦了坐下来"整理账单"时，劈头盖脸地落下的压迫感。那是一种势不可挡的绝望。我觉得自己就像一只在转轮中奔跑的仓鼠，脚不着地、没有目的、不停地跑啊跑。或许生活就是一种金融幻象，金钱归去来兮，只是为了保护无辜的人而改名换姓而已。我欠债，所以我必须工作。这种套路和套路里的陈词滥调，你肯定都知道。

有几个月一切都还好，让我觉得我们的日子就要好起来了。每当这时我就对自己说："唉，也许大家都是这样生活的吧。"那些日子给我足够的缓冲时间，让我继续欺骗自己，觉得日子还是向前走的。可事实上，我知道我们并没做到。

我按照自己的方式做，但是行不通

够了！简直糟透了！我最终决定，这个毫无计划的生活方式是完全行不通的。如果你曾经有过这些感受，那么你绝对会爱上这本书。更重要的是，你会爱上金钱再生计划。

20 多年前，我和我的妻子莎伦破产了。因为我在理财方面犯蠢，让我们失去了一切。那种狠狠摔到谷底的感觉，是我这辈子遇到最糟糟的事，却也是最好的事。

我们白手起家，在我 26 岁的时候，我们就拥有了价值超过 400 万美元的房产。我很擅长经营房地产，但我更擅长借钱。虽然当时我已是个百万富翁，可还是为日后的失败种下了隐患。简短地说，我们陷入了财务危机，在 3 年里失去了一切。我们被起诉，被撤销赎回权，我们破产了。那时，我们的两个孩子一个刚刚出生，还有一个正在蹒跚学步。虽然在崩溃边缘，但是我们彼此支持，于是我们决定要改变原先的生活方式。

在变得一无所有之后，我开始探索金钱真正的运作原理，以及如何控制并且自信地处理金钱的方法。于是我开始广泛地阅读各种书籍，去探访那些既会赚钱还能留住钱的年长富人们。这种探索让我意识到问题出在哪里，那就是镜子中的自己。我意识到从始至终，对于金钱的问题、担心甚至短缺，很大程度上是因为镜子里的那个我。如果我能把控住每天早上都对着镜子刮胡子的这个人的话，我早就成功了。我在凝望镜子中的自己时，探索到了答案。它在过去 20 年里引导我踏上新的旅程，那就是帮助上百万人认识他们从镜中看到的自己。我通过各种途径，包括现场活动、财务和平大学、"戴夫·拉姆齐秀"（电台和电视节目）、纽约时报畅销书《财务和平》《绰绰有余》《金钱再生计划完全手册》《企业领导力》，等等，把我从坎坷经历所学到的关于金钱的一切，告诉成千上万的美国人。

大挑战：找一面镜子

现在给你一个挑战。你是否准备好接受镜子里的那个自己？如果是，那么你就离成功不远了。我重新发现了上帝和祖母的简易理财法。

值得庆幸的是，积累财富不是造火箭。想要获得金钱上的成功，80%靠行为，20%靠头脑。问题不在于知道该怎么做，而是如何将道理付诸实践。大多数人都知道要做什么，只是不去行动。如果我能把控住镜子中的自己，那么我就会变得苗条而富有。变苗条这件事还是交给其他的书吧，我来教你变有钱。这条路没有什么惊天秘密，但是会很难。如果赚钱很容易的话，大街上的每个傻瓜都能变富翁。

我给你的金钱再生计划，是从挑战你自己开始的。因为你是由于自己的问题才导致了钱的问题。想要解决这个问题，答案不在任何理财频道或者视频课程里，而是在于你本身。我的计划，可以让你主导自己的未来。金钱再生的计划并不只是一个理论，而是实践。之所以有用，是因为计划很简单，而且直捣财务问题的核心——你自己。这个计划是建立在为成功付出代价的基础之上。所有成功的人都付出了相应的代价，有些失败者即便付出代价却仍没有成功，那是因为他们没有一个经过验证的健康财务计划。

普通人都能成功理财

无数普通人运用这本书里讲到的理财体系，摆脱了债务、重获控制权，并且重新积累了财富。这些故事都写在了这本书里。如果你在金钱再生计划中想放弃了，或者需要一点鼓励继续前行，那么就读一读这些故事吧。这些人的确在短时间内做出了很大的牺牲，不过以后也不会再牺牲什么了。

如果你正在找一幅地图希望它可以指引你回家，那么你已经找到了。如果你在找一夜暴富的捷径，抱歉你看错书了。如果你想通过注册会计师考试，希望在书里找到一些相关的财务知识，很遗憾你也看错书了。如果你希望这本书的作者有非常复杂的学术理论，哪怕这些理论在实际中都行不通，那么你也找错书了。我有很好的学术功底，可是最后还是破产了。实际上我曾经两次从一无所有变成百万富翁。一次是 20 多岁的时候，我的财产是房产，但我的愚蠢让我失去了一切；第二次是在不到 40 岁的时候，但这次我找到了正确的理财方法，所以我从负债累累的破产者变成现在没有负债的人了。

经常有破产的金融学教授跟我抱怨，说我的方法太简单了。或者有人给"戴夫·拉姆齐秀"发邮件，说我"只会这一招"。对于那些自称有很多伟大方法却从来不实施的人，我想对他们说："证明给我看。"如果你的方法并没有奏效，我更喜欢用自己的方法积累财富。你在这本书中会看到，无论这些人是否受过高等教育，他们都获得了成功，或者正走在获得成功的路上。也就是说，我的金钱再生计划是有用的！

金钱再生座右铭

这个计划是可行的，不过你要付出代价。你会在计划里学到新的词汇，比如"不"。简单说，这个金钱再生计划，是针对你个人的。你的金钱再生有一句座右铭："如果你选择与众不同的生活方式，未来才会过上与众不同的生活。"我想用这种方式提醒你，如果你现在做出大多数人都不想做的牺牲，那么以后你就会过上那些人永远无法过上的生活。

这句座右铭贯穿全书。我很抱歉没有更简单的方法来展现这句座右铭的特性，但是这个方式绝对有效。当你为了达成目标而放弃某一项购买时，想一想这句话；当你工作到很晚非常疲惫的时候，对自己重复一下这句话。当然了，这不是一句万能的话。不过这句话的确在提醒你，你会成功，你的付出会得到回报。

有些人非常不成熟，只为了眼前的快乐就放弃长远的成功。我会告诉你如何做才能让你不会白白付出代价，而得到想要的结果。我不会只是因为单纯的有趣就选择在炙热的煤炭上行走。但如果一段短暂而痛苦的经历，就可以让我的余生摆脱担忧、沮丧、压力甚至恐惧的话，那么让它放马过来吧。

刚结婚的时候，我们决定了让卡莉不出去工作在家带孩子。虽然这个决定有时可能会让我们在经济上有些拮据，但是从其他方面来看，在当时对于整个家庭是最好的选择。

我们在经济上犯了很多错误，比如因为"低利率"而保留了助学贷款，甚至还租了一辆车。我们有几张信用卡，对我们来说这就是身份的象征。当时我们的债务，包括抵押贷款在内，高达 37.5 万美元。面对养育 4 个孩子却只有一份薪水的生活，这真的不是明智之举。于是我们开始执行戴夫的计划，我们决定用羚羊般的紧迫感迅速摆脱债务！在 6 个月的时间里，我们付清了 5.7 万美元的债务，还给教会捐了 7000 美元。这样的转变极大地鼓励了我们继续前进！我们也非常高兴，可以去亚特兰大参加戴夫和莎伦发起的金钱再生挑战决赛！

现在我们还清了债务，帮助女儿读完了大学一年级。同时我们还为退休攒钱，并且盖了一座新房。我们享受赚取而不是支付利息。要是没有戴夫，我们是不可能做到的。现在我们购买任何东西都付现金，这样就能清楚地知道钱花在哪儿了。你无法想象，我们全家现在过得丰衣足食还没有债务!

最初的几个月是最痛苦的,因为我们的财务要从原来的信贷模式转变成现金模式。不过再也不用拆东墙补西墙了!戴夫的金钱再生计划,让你可以真正控制手里的钱,并且获得内心平静。记住,要集中精力跟着计划走。

成功的关键在于,我们夫妻俩时刻站在同一战线上。现在我们一起计划未来的花销,而不是比着谁花得更多。在脆弱无助的时候,我们就是彼此力量的源泉,让花钱变得更有意义。现在我们已经学会了将金钱和财务目标变成一个有趣的话题,而不是争议的话题。

我们的建议是,想要掌控自己的命运和幸福,一定要诚实地评估你的赚钱能力,在支出上量力而行。

马克·斯托沃克(43岁,注册会计师/顾问)

卡莉·斯托沃克(43岁,全职妈妈)

我对你的承诺

这是我对你的承诺:如果你愿意付出牺牲并且遵循这个已被证明的体系,那么你就可以无债一身轻,并且开始有储蓄,还会得到一些你从未得到过的东西。你会积累财富。我也向你保证,这一切都取决于你自己。金钱再生并不是可以创造财富的魔法。只有当你开始做,并且按照你自己能承受的强度来做,这个体系才会生效。在接下来的章节里,你将会读

> **戴夫说**
>
> 没有目的的存钱就是垃圾。你的钱要为你所用,而不是躺在那里落灰。

到很多个人及家庭是如何取得金钱胜利的故事，而且他们是战胜了镜子里的自己之后，才获得成功。你的处境不是你另一半的错（当然也可能是，这一点我们稍后再讲），不是你父母的错，不是你孩子的错，也不是你朋友的错。完全就是你自己的错！

但你猜怎么着？这意味着你既是把自己弄得一团糟的人，也是那个唯一能解救自己的人。任何法律、法规或命令都不能解决你的问题。政客的承诺和政府的施舍都不能解决你的问题。没有理想的工作或天价的薪水能解决你的问题。有些事情可能会有所帮助，但如果你不掌控自己的生活，它们都不会起作用。这就是你的生活，你的呼唤，你的未来。这100%是你的决定。如果你准备好了，那我们就行动吧。马上！我来带路。但我不会把你推过起跑线，也不能把你拖过终点。整个旅程从头到尾都由你自己决定。

当我开始为自己的错误负责任时，我的财务状况也由此发生转变。全国各地的人们都通过这些方法获得财务自由，重获信心和对生活的掌控，营造自己家庭的未来。请和我一起踏上这段旅程，远离那个为金钱感到烦恼、恐惧和内疚的年轻的自己。和我一起出发，开始进行你自己的金钱再生计划，但是要记得，第一步永远是要直面镜子里的那个自己。镜子里那个人，就是你的金钱再生计划要面对的挑战。

02 | 否认：我的情况并没有那么不堪

几年前我意识到自己的身材已经变得大腹便便了。这么多年来我专注于工作，却放弃了身材管理。减肥的第一步是意识到我需要改变目前的生活方式，但是第二步，也是同样重要的一步，就是要找出减肥路上的障碍。是什么影响了我的减肥大业呢？当我认清了障碍，就可以开始让赘肉渐渐变少了，肌肉也变结实了，整个人也变得健康。你的金钱再生计划也一样。首先你要意识到出现了问题，同时也要明白你的财务健康的症结所在。在接下来的几章中，你将会发现金钱再生路上的种种障碍。

站在镜子前，挺胸收腹，仔细看看镜中的自己。无论换什么角度摆什么样的姿势，镜子反映出来的都是残酷的真相。"我也没那么胖吧，只是肌肉有点松弛而已。"我父亲常说，解决问题的关键，90% 取决于承认问题的存在。

想要重置花销的模式，一定要全力以赴。而你最大的障碍，就是否认。很可悲的是，无论你的财务状况是平庸还是不健康，在这个国家里你仍是普通人。对于大多数普通人来说，如果他们知道自己能够达到中等、普通或存在一些问题的财务水平，就已经非常满意了。但是，这本书不是写给弱者看的。这本书的目的就是让人行动，让人成功。

我们的婚姻一开始没有任何债务。虽然我们只有一份收入，但车是自己买的，甚至还有一些积蓄。然而我们还是做了一个错误的决定，搬到一所大房子里，这让我们的经济吃紧了。几年之后我换了工作，我们的年收入也有所增长，这让我们产生了错觉，认为可以提高目前的生活水平。从这时开始我们就慢慢积累了债务。为了换掉原来的旧车，我们买了两辆新车，开始用信用卡买东西，我们甚至还获得了房屋净值贷款。这时我们已经债台高筑了！

凯莉在书店里看到这本书，就买下来作为父亲节礼物送给我。到了独立日那天，我们决定对债务宣战！我们有6000美元存款，却有16000美元的债务，这还不包括房子的欠款。这个计划要求我们从存款中拿出5000美元来偿还债务，只留下1000美元的应急基金。眼看着我们辛辛苦苦攒下来的钱就这样化为乌有，但是这个办法确实帮助我们让债务雪球变小。我们在其他方面做出了牺牲，仅用了10个月就还清了所有的消费债务！

戴夫帮我们认识到，一定要有底线，不能寅吃卯粮。现在，我们每个月终于不再为还钱的事情而烦恼，终于可以开始为自己付钱，并且为未来投资！

马克·利普（40岁，土木工程师）

凯莉·利普（39岁，护理学校学生）

不要等着被否定击倒

几年来，我每年都要举办好几次演讲，对着 2000 到 12000 名观众讲解这本书的中心思想。在一次现场活动中，我和 4000 多名观众进行交流，萨拉告诉我直到生活给她上了一课，她才开始自己

> **戴夫说**
>
> 为了你自己，为了家人和未来，有点骨气。当事情发展不对时，勇敢地站起来说不对，不要退缩。

的金钱再生计划。她说曾经听我引用《华尔街日报》中的一个报道，70% 的美国人每月只靠薪水辛苦谋生，她以为自己属于另外的 30%。她给自己的财务状况摆了个姿势，可是这个姿势叫作否定。

萨拉离婚后带着两个儿子刚刚再婚。她和她的丈夫约翰都有一份收入稳定的工作，一家人生活得很幸福。他们的家庭年收入加起来大概有 7.5 万美元，还有小额的助学贷款和车贷这些"正常"的债务，而信用卡"只有"5000 美元额度。看起来一切都很顺利，生活尽在掌握中。萨拉和约翰觉得这个新组建的家庭需要一个新房子，所以他们选择了建筑商开始盖房子。在她内心深处某个地方有些许的不安，但是这个不安藏得非常深。终于，新房子落成了。新家庭住进了新房子，一切都会好起来，就像生活"应该"的样子。5 月他们搬进了新家，并且支付了一大笔款项。

9 月的一天，萨拉的老板将她叫进办公室。她工作很出色，本以为老板会给她奖金或者加薪，谁知老板却跟她说，她被解雇了。"我们要裁员了，你懂的。"老板一席令人心寒的话，让萨拉不仅丢掉了可以干一辈子的工作，还将他们原本 7.5 万美元的家庭收入削减了 4.5 万美元。她开车回家将这个消息告诉了约翰。这件事情不仅让她自尊

心受到了伤害，职业生涯一下子缩水，而且还让恐惧在她身体里逐步蔓延。那天晚上萨拉害怕极了哭个不停，原本还算富裕的家庭，突然之间要面临丧失房屋的赎回权和汽车的回收权。生活最基本的要求一下子变得弥足珍贵。

萨拉和约翰之前听过我的电台节目"戴夫·拉姆齐秀"。不过他们一直认为金钱再生是别人的事，和自己无关。毕竟每次站在镜子前，两个人都是挺胸收腹的样子。可是萨拉被裁员的当晚，当他们再次审视镜子里的自己时，看到的却是两个胖子——大笔的房贷车贷、巨额的助学贷款、膨胀的信用卡欠款、寥寥无几的存款，还没有预算，这个画面可真是不好看。他们的确"大腹便便"了。

你很难否认身体上的肥胖，毕竟肉眼可见的肥肉越来越多。但是财务上的臃肿则不然，你可以假装自己的经济情况在一段时间内都很好。你的朋友和家人也会参与到你的幻想和否认中，这让你相信自己真的做得很不错。在金钱再生计划的路上，有四个障碍在阻挡人们的脚步，其中一个就是没有意识到自己需要金钱再生计划。可悲的是，在我认识的采用金钱再生计划的人中，最成功的那些人都像萨拉一样，被生活狠狠地打击才不得不发生转变。如果现在的生活并没有狠狠给你一拳的话，那么你实际的处境可能比萨拉和约翰失业的那天更危险。你完全就是个得过且过的人，必须要看到做出巨大改变的必要性，比如生活中出现重大危机，才会想要做出改变。如果你因为生活看起来一切都"还过得去"而对金钱再生计划无动于衷的话，那么你肯定不愿意为了最后的结果做出巨大的改变。

哦……青蛙腿

很多年前，我在著名作家金克拉的励志演讲上，听到了一个关于"平庸偷偷找上你"的故事：如果你把一只青蛙扔进沸水里，青蛙会感到疼痛并且立马跳出来；不过要是把青蛙扔进温水里，它只会快乐地游来游去。当你慢慢把水加热至沸腾，青蛙甚至感觉不出来变化。最后青蛙被逐渐变化的水温杀死。我们的健康、身材和财富，都会一天天慢慢离我们而去。有一句话虽是陈词滥调，可的确是真理："最好"的敌人不是"最差"，而是"还不错"。

很长一段时间，我都一直否认自己的消费习惯和生活。在25岁左右，我就已经负债2.3万美元了，而且当时完全没有动力摆脱债务。我最大的问题，就是没有意识到无债一身轻的美好，我有赌瘾，完全停不下来。甚至当我开始收听戴夫·拉姆齐的节目并且开始偿还债务的时候，也会常常失败。我把钱都花在赌博上，没有给自己时间振作起来。

就这样过了一段时间，财务的压力最终让我无法承受，我知道我必须改变了。我参加了某个部门举办的"欢庆康复"项目，这个项目旨在帮助那些有成瘾、受过伤害、有心理障碍的人重获新生。

与此同时，我也一步一步慢慢开始自己的金钱再生计划。最困难的部分是建立应急基金。我在戒赌，这笔钱总是输在某些赌博游戏上。不过随着我的赌瘾慢慢减弱，我开始制预算，欠下的债变得越来越少。我搬去和父母同住，这样可以用省下来的租金偿还最后的债务。

现在，我正在为买房子攒钱，希望明年可以达到自己的目标。没有欠债的日子简直太美好了！

托尼·E. 纽曼（26 岁，财务分析师）

改变的痛苦

改变是痛苦的，很少有人有勇气主动改变自己。大多数人都安于现状，直到他们所承受的痛苦大于改变的痛苦。尤其是涉及钱的时候，我们就像穿着尿不湿的小屁孩，"虽然臭，但是暖暖的属于我"。只有屁股上起了红疹子，才会大哭起来。我希望书中萨拉和其他人的故事，可以让你不再坐以待毙。如果你还要重复他们做过的事，只会重蹈覆辙。你目前的经济状况，反映出你所能做的所有决定。如果你喜欢目前的状态，那就维持现状吧。可是既然要维持现状，你又为什么要看这本书？是不是因为在内心深处，你和萨拉有着同样的不安？是不是要等到为时已晚才肯采取行动？你真的是在寻求更好的生活吗？如果是，那么恭喜你，这个计划可以帮你实现！与其等着拒绝改变的痛苦找上门来，还不如冲破现状，选择承受改变的痛苦。不要等着心脏病发作才承认自己超重。现在就开始减少碳水、脂肪和糖的摄入，然后穿上你的跑鞋开始运动吧。

值得庆幸的是，萨拉和约翰经历的"金融心脏病"，让他们开始改变财务的"饮食习惯"和"运动习惯"。裁员给他们敲响了警钟，促使他们直面生活。经过一整年的艰苦岁月，萨拉终于找到了一份新的全职工作。只不过这一次，他们开启了这个金钱再生的系统。当支票如约而至的时候，他们已经有应对方案了。他们对自己的经济状况进行了健身减肥。整个过程很缓慢，但是随着时间的推移，他们真的成功了。

我见到萨拉和约翰的那个晚上，他们已经坚持执行这个计划两年了，并且一直面带微笑。他们告诉我，现在除了房子之外，他们已经没有其他的负债，而且银行里还有 1.2 万美元的应急基金。他们不再逃避现实，但是让家人感到不安，因为他们拒绝像其他人那样生活。艾尔伯特·爱因斯坦曾经说过："伟大人物经常会受到懦弱世俗的强烈反对。"约翰的爸爸嘲笑他们的整个计划，以及为了获得成功而做的额外工作。他还问他们是不是参与了什么邪教活动。一旦萨拉和约翰意识到自己是穿新衣的皇帝，就不再回避。同时他们也意识到，自己在执行金钱再生计划时采取的消费方式除了让周围的人惊讶之外，并没有什么其他影响。

萨拉笑着告诉我她曾经的想法："我们必须有份好工作，这样所有的信用卡公司都认为我是有信用的。如果所有的银行都同意我的申请，那么我肯定没问题，不然他们也不会贷款给我。此外，我每个月都会还清信用卡，我怎么可能有麻烦？如果我能付得起钱，那么我肯定能买得起车或者家具。"约翰也在一旁笑着，他们嘲笑着财务肥胖的人自认为的"一切还好"，嘲笑他们自己曾经也肯定的语言。

那天晚上我们结束谈话时，萨拉告诉我，虽然她和约翰仍然有失业的可能，不过如果真的失业了，他们也做好了准备。她说："我们不再生活在谎言里。我们知道自己的现状，也知道未来怎么走、走向哪里。"为了感谢我激励了他们的金钱再生，萨拉和约翰想要给我送礼物，不过我向他们保证，他们其实已经送过了。

03 | 债务骗局：负债（不）是工具

　　我们都在超市里见过这一幕：刚学会走的熊孩子满脸通红，握紧小拳头奶凶奶凶地喊着："我要这个！我要这个！我要这个！"我们甚至目睹过自己家孩子这样叫嚷。现在的我长大了，成熟了，看到年轻的妈妈拒绝了孩子要买某样东西的要求，想要制止孩子大声尖叫而一筹莫展时，都会微微一笑。

　　人的天性就是索取并且需要马上实现目标，这也是一种不成熟的标志。成熟的标志是为了获得更大的利益，而放弃眼前的享乐。但是，我们总是被教导要活在当下。我们叫喊着："我要这个！"只要愿意负债，就可以得到。在我们能够负担得起自己想要的东西之前，债务是获得"我要这个"的一种手段。

加入谎言的队伍

　　我听说，如果你说谎的次数足够多，声音足够大，时间足够长，那么谎话就会被人当真。你在讲话时重复的次数、运用的腔调和时间长度都可以扭曲事实，让传言或者谎言变成一种被广泛接受的事实。

所有人都被诱导相信这可怕的行为，渐渐地脱离真相，甚至参与其中。纵观整个历史发展过程，扭曲的逻辑、反常的情理以及瞬息万变的局势，会让许多正常人加入了荒谬的一方。尤其是舆论导向助长了这种事的发生。

如今，舆论导向也存在于我们的生活当中。我指的不是政治意义上的宣传，而是有些人不遗余力地想我们按照他们的方式来思考。尤其是金融业和银行业，他们善于教导我们如何理财，当然也会引导我们购买他们的金融产品。假如一个汽车广告一遍一遍地告诉我，如果我开了这辆车就会变得又潮又酷，那么我就会产生错觉，认为只要我买了这辆车，好事就会发生。或许我们不会真的相信，买了一辆车自己就会成为模特，但是值得注意的是，长得丑的人不会出现在电视上的汽车广告里。这么说来，我们是不是上了汽车广告的当？我只是随便问问而已，毕竟我们买了车之后，总会用一些专业的东西来证明购买的合理性，比如油耗里程数。

如果我们随大流，哪怕是愚蠢的事，也会被他人所接纳。因为我们被教导这只是"你做事的方式"，所以也从不问为什么这么做，导致有时做了蠢事而不自知。当我们参与进了谎言中，就会学着滔滔不绝地讲出谎言的原则。几年后我们在谎言中投入了更多的金钱和时间，成为其伟大的信徒，能够用足够的热情和极大的声音来宣讲谎言的观点。我们成为了谎言专家，还要说服别人一起加入这个谎言。我曾经也是谎言中的一员，但以后不会了。

别让猴子把你拉下来

我们被频繁地强行推销债务，以至于无法想象没有负债的生活。

想要没有债务的生活, 只能打破这个骗局。我们需要从内部摧毁这个骗局的运行机制。负债的概念已经在我们的文化中根深蒂固, 大多数美国人无法想象没有车贷、房贷、助学贷款和信用卡的日子会是什么样。由于我们被反复且强烈地推销债务, 大多数人无法想象不需要还款付账的生活是怎么样的。就好像生而为奴的奴隶们无法想象自由的样子, 美国人无法想象一睁眼没有债务的样子。2007 年发售的信用卡就有 70 亿张, 我们也用得心安理得。网站数据显示, 美国人目前信用卡债务大约为 9280 亿美元。我们到底能不能适应没有债务的生活?

在过去几年里, 我们帮助无数人进行了金钱的再生。在这个过程中, 我发现主要的障碍是对债务的看法。大多数不再贷款借钱的人都有一些奇怪的经历, 那就是被人嘲笑。信奉 "债务是好事" 的朋友和家人们, 嘲笑那些踏上通往自由之路的人们。

约翰·麦克斯韦尔 (享誉全球的领导力大师、演说家与作家) 讲过一个关于猴子的实验。一群猴子被关在一间屋子里, 屋子中央有一根杆子, 杆子顶端放了让人垂涎欲滴的香蕉。当有猴子开始爬上杆子时, 实验人员就会用消防水枪把猴子打下来。猴子只要爬杆, 就用水枪打下来。就这样猴子被一次次击倒, 直到它们意识到不能爬杆。接着实验人员注意到, 一旦有某只猴子想要往上爬, 就会被其他猴子拽下来。他们将房间里的一只猴子替换成没有经历过打击的新猴子, 然后发现只要新来的家伙想要爬杆, 其他猴子就会把它拉下来并且惩罚它。实验人员将猴子一只一只地替换, 每只新猴子都会经历被同伴拉下来并惩罚这个过程。最后房间里的猴子们全部换成了没有经历过水枪击打的猴子, 可是只要有猴子想爬杆, 总是被同伴拽下来。猴子们并不知道为什么, 但是它们明白不可以拿杆子顶上的香蕉。

　　我们不是猴子，但某些时候我们的行为跟猴子爬杆没什么两样。我们甚至都不记得到底为什么，只知道想要成功就得靠债务。所以当某个亲人或者朋友决定要进行金钱再生计划时，我们嘲笑、生气，并且冲过去把他拉下来。我们就像最后那群猴子一样，翻着白眼滔滔不绝地讲着那些没来由的话，仿佛任何不想负债的人都是蠢货、是傻瓜、是疯子或者可恶的"金融白痴"。可是为什么那么多金融学教授破产了呢？在我看来，那些破产的金融学教授自己都没有搞清楚所谓的负债理论。

谎言 vs 真相

　　我将通过介绍一些小骗局来揭示债务骗局的内幕。不过我要提醒你，要警惕你为原有思维方式辩护的本能，不要再坚持固有的负债方式。希望你冷静下来，放松心情，随着我一起阅读接下来的几页内容，或许我说对了呢。如果在看完我的分析之后，你觉得我只是在推销这本书，那么我不会强迫你改变。但是，既然已经有那么多家庭在实行金钱再生计划，他们的故事应该会给你一点启发。我建议你请放下戒备，还是以轻松阅读的心态，去看完下面的内容吧。毕竟之后你随时可以再将自己保护起来。

> **谎言** 债务是一种工具，应该用来创造财富。
>
> **真相** 债务在大多数情况下不会给你带来财富，而是带来很大的风险。有钱人也不会像我们被教导的那样，使用债务手段致富。

　　当我在第一次接受房地产行业的职业培训时，有人告诉我，债务是一种工具。"债务就像杠杆和支点"，可以让我们撬起任何举不起来的东西。我们无须为等待而烦恼，就可以买房、买车、创业，或者出去吃顿好的。我记得一位金融学教授曾经告诉我们，债务是一把双刃剑，可以帮你割开东西，也可能割伤你自己。债务骗局告诉我们，要用别人的钱为自己创收。这种垃圾话术简直流毒甚广。总是有人鼻孔朝天傲慢地教育我们，金融老手们都是将债务作为自身优势的。小心点，这话说出来可烫嘴。

我的观点则是，债务所带来的风险足可以抵消债务带来的任何好处。只要给足时间，比如一生的时间，风险就会摧毁那些谎言传播者所宣称的预期回报。

我曾经也是个谎言传播者，可以非常有说服力地反复宣讲这些谎话，而且尤其擅长"债务是一种工具"的传播。我甚至可以将亏本的出租房卖给投资者，并向他们展示如何通过极其复杂的内部回报率来赚钱。天哪，简直不敢想象。我可以满怀热情地讲出这个谎言，不过生活和上帝还是给我上了一课。当我破产失去一切之后，我才认为应该把风险也考虑其中，原本这是通过计算也能显而易见的。

直到我从奄奄一息中醒来，才真正意识到这个谎言是多么愚蠢和危险。生活为了引起我的注意，给我狠狠地一番打击，同时也教会我一些事情。《箴言录》第22章第7节："富户管辖穷人，欠债的是债主的仆人。"（圣经新标准修订版）当我面对这段经文时，不得不清醒地认识到谁是对的——是那位教导我"债务是一种工具"的破产金融学教授，还是蔑视债务的上帝。贝弗利·希尔斯说得对，实现理想没有捷径。

我们相信了谎言！我们生活的标准就是与他人攀比，结果就是他人也破产了，负债累累。我和我丈夫欠了 7.2 万美元的出租物业，还有 3.5 万美元的信用卡、助学贷款和车贷。除此之外，我们还买了一套四居室的房子，房子里有一个急需修补的游泳池，所有这些负债，都是建立在年收入只有 4 万美元教师工资基础上的。但是我们却都认为这是对未来良好的投资。其实我们大错特错！

我们已经厌倦了需要还钱的月份比钱还要多的日子，我们需要金钱再生计划。于是我们卖掉了出租物业，也卖掉了大房子，换了一座小房子。我们集中精力花了两年半的时间，终于实现了财务自由！

如果你活在债务的束缚中，那么你并不是真正地活着。我们的婚姻关系好转，还有了一种之前没有的平静，这归功于我们制订了财务计划。我们很庆幸在婚姻早期就意识到并且得到这些信息，也很感激可以有机会教育孩子们如何对自己的财务负责。

艾莉森·威斯纳（29 岁，家庭主妇）

麦克·威斯纳（33 岁，体育老师）

如果你仔细观察你想要成为的那种人，就会发现共同话题。比如你想瘦，那么就跟瘦子学如何变瘦；如果你想变富，就跟着有钱人学怎么做，而不是听那些谎言传播者胡说八道。福布斯美国 400 富豪榜（Forbes 400），是由《福布斯》杂志评选出的美国最有钱的 400 人排行榜。调查显示，福布斯美国 400 富豪榜上 75% 的富豪（是真的有钱人，不是你那个夸夸其谈的破产姐夫）认为积累财富的最佳方式是远离负债。沃尔格林、思科和哈雷－戴维森这些公司都没有债务。我做理财顾问这些年里，见过太多的百万富翁，可是从来没有一个人说他是靠发现卡（一种在美国广泛使用的信用卡）积分发家致富的。他们不会过入不敷出的生活，需要消费只花现金，而不是划卡。

历史还告诉我们，负债不是一个长久之计。事实上，现在最大的三家信贷公司，都是由讨厌债务的人创建的。西尔斯百货（Sears）现在通过赊账购物赚的钱，比销售商品赚的还多。他们其实不是百货商店，而是放贷的贷方。然而，在1910年西尔斯的宣传册里却写着："刷信用卡购买商品是愚蠢的行为。"J.C. 彭尼（J. C. Penney）百货公司每年通过信用卡消费赚取数百万美元，可是公司创始人却因为痛恨债务而被称为詹姆斯·"现金"·彭尼。亨利·福特（Henry Ford）认为，负债是懒人消费的方式。他的处世哲学在福特公司的经营理念中根深蒂固，以至于直到通用公司提供融资业务十年后，他才开始融资。当然，现在的福特汽车信贷是福特公司最赚钱的业务之一。守旧派们看到负债愚蠢的一面，而革新派却抓住了利用信贷消费从消费者身上获利的机会。

你可能听说过很多这种衍生谎言，这些故事都是在"债务是一种工具"这个大骗局底下产生的。所以我们要倾尽全力，回顾并揭穿通过"正规"谎言传播的神话。

> **谎言** 如果我借钱给朋友或亲戚，我是在帮助他们。
>
> **真相** 如果我借钱给朋友或亲戚，我们的关系只会紧张甚至被破坏。这种方式唯一能加强的就是，我们的关系中一方是主人，另一方是仆人。

有一个古老的笑话，如果你借给姐夫100美元，然后他从此再也不理你了，你觉得这个投资值当吗？我们都经历过借给某个人钱，然后两人的关系立即疏远了。有一天，琼给我的节目打电话，抱怨一笔借款是如何毁了她和她最好同事之间的友谊。她的朋友是个破产的单亲妈妈，琼借给她 50 美元，说好了等到发薪的时候就还给她。发薪日一次又一次过去了，她的朋友——曾经的知己，每天午休时间都会和她畅所欲言的人——开始躲着她。气氛莫名地尴尬。我们无法控制债务如何影响人际关系，债务自己独立完成了这项任务。借钱的人是债主的仆人，当你把钱借给你所爱的人之后，你们之间的精神层面关系就改变了。他们不再是你的朋友、叔叔或者孩子，而是你的仆人。我知道你们当中有些人会觉得言过其实，但是请你告诉我，为什么借给亲戚钱之后，感恩节的晚餐就变味儿了呢？跟债主吃饭的滋味，肯定和跟家人吃饭是不一样的。

琼因为失去了这份友谊而伤心欲绝。我问她这份友谊是否值 50 美元，她不停地念叨着说友情比那 50 美元贵重无数倍。因此我让她给她的朋友打电话，告诉对方钱不用还了，算是她送出去的礼物。这一举动让她解除了两人之间的主仆关系。当然了，如果这种关系从来没出现过那就更好了。与此同时，我还对琼提出了两条免除债务的规定：第一，朋友之间要承诺互相帮助；第二，再也不要借钱给朋友了。在琼这个例子里，只有她们都吸取了教训，才能打破谎言的链条。这个教训就是，当你的朋友处于危难时，如果你有钱，可以借给朋友，不过这会破坏你们之间的关系。

我见过很多关系紧张甚至破裂的家庭，只因为他们好意借钱来"帮助"家人。一对 25 岁的新婚夫妇，跟公婆借了首付的钱，买了自己的第一套房子。一切看上去都很美好，直到儿媳妇在提到即将到来的假期时，从公婆眼中捕捉到了不满。她明白这种眼神的含义，是那种在还清借款之前，买一包卫生纸都要跟善良而高贵的公婆申请的感觉。一辈子的积怨可能由此而生。还有一个 20 岁的青年，跟自己爷爷借了 2.5 万美元，买了他"必需"的那辆崭新的四轮驱动卡车。当然他要给爷爷利息，6% 的利率可比年轻人去银行贷款付的利率低，而爷爷得到的也比在银行定期存款的利率高。这是双赢啊。不过真的是这样吗？当年轻人失去工作，还不上爷爷的钱时，会发生什么呢？爷爷可是老一辈的守信作风，是那种如果答应了要挖沟，挖到半夜也要完成的那种人。现在青年和爷爷闹不和，青年把卡车卖了，还了爷爷 1.9 万美元。而爷爷没有留置权，等待他的只有破产、愤怒，以及孙子欠他的 6000 美元。不过爷爷见不到这 6000 美元还回来，也再也见不到他的孙子了。由于一些扭曲的谎言，同时掺杂着羞愧和内疚，青年的脑袋里莫名其妙地就认为这都是爷爷的错，所以他放弃了这段爷孙关系。

我无数次看到一些家庭的成员关系由于债务而变得紧张，甚至走向破裂。我们都经历过类似的事情，却仍然相信借钱给所爱之人是件好事。不，这不是好事，而是诅咒。不要将金钱关系带进你在意的亲情和友情当中。

谎言 我和朋友或者亲戚共同签署贷款，是在帮他们。

真相 准备好还贷款吧。银行之所以想要共同签署，就是因为没指望你的朋友或者亲戚会还款。

现在请大家跟我一起思考一下。假如负债是我们的社会文明中一种被极力推销的产品，假如贷方必须要完成"贷款产品"的销售目标，假如贷方可以完全精准地预测出每一笔贷款的违约可能性——如果这一切是真的话，那么当贷款行业拒绝了你的朋友或者亲戚放贷时，几乎可以肯定，这位贷款申请人会面临这样那样的麻烦。然而在美国，每天都有很多人愿意和别人共同签署贷款，这真是一个不明智（对，就是愚蠢）的决定。

从统计学来讲，贷款申请人不还款的可能性很大，所以贷方需要一个共同签署人。这是一个为了贷款而生的行业，并且认定我们的朋友或家人只是想找个地方赖账，或者为了找新房而欠钱不还，那么为什么我们要无视业内人士的专业判断，硬要充当那个慷慨仁慈而又无所不能的帮手呢？为什么我们充分了解这个内在问题却还是要与其共同签署呢？

让我们陷入这种困境的是情感用事。但凡用点脑子都不会踏上这条路。我们"知道"他们会还款，是因为我们"了解"他们。大错特错。一对年轻夫妇为了买房，找自己父母来共同签署贷款，为什么？因为他们买不起房！年轻人找自己父母共同签署贷款买车，父母为什么同意？"这样他可以学会负责任"，这么想可就错了，他只学会了，任何一样东西哪怕买不起，也要买。

可悲的是，这些共同签署贷款的人知道故事的结局。只有当信用额度受损时，我们才会偿还这笔欠款。如果你共同签署买车，哪怕每个月的还款都延迟了，贷方也不会联系你，但是你每个月的信用额会受损。贷方在收回汽车之前也不会联系你，但是你的信用报告上会留下记录。车贷和购车价低于批发回购价之间有差额，叫作亏空。当你需要支付这笔亏空时，贷方会联系你，不过这时你已无法合法地强制卖车，因为这辆车已经不属于你了，而你却被债务套牢。共同签署买房也同理。

《箴言录》第 17 章第 18 节对此做了完美的总结："担保别人的贷款是愚蠢的。"就好像试图用一笔贷款来祝福所爱之人一样，很多人希望通过共同签署来帮助别人，可结果却是自己的信用受损，或者一段关系破裂。我共同签署了一笔贷款，结果却是自己还清；一个可怜的家伙帮我共同签署了贷款，最后我破产了只能他帮我还清。如果你真的想帮助别人，还不如直接给钱。如果你没钱，那么就不要共同签署，因为最后还是要你来还清债务。

在我录制电台节目"戴夫·拉姆齐秀"时，每天都会遇到很多陷入共同签署困境的案例。凯文打电话来抱怨说，一家抵押贷款公司把他为自己母亲买车的联名贷款算到了他头上，尽管他母亲有保险，哪怕她去世了，也还是可以支付这笔贷款。哦，凯文，他们当然会算在你头上，因为这是你要承担的债务啊！贷款公司不担心他母亲的死活，但是非常担心她不还款，这就要求凯文来还钱，然后可能导致他无法偿还自己的抵押贷款。

还有一个叫乔的人打来电话，他惊讶地发现 15 年前他帮哥哥共同签署购买了一套价值 1.6 万美元的房车式移动房屋，现在银行来找他要欠款了。10 年前他哥哥的移动房屋被收回，银行以低于欠款 1.6 万美元的价格将其出售。10 年后，银行缠上了乔，希望他将这笔欠款还上。乔非常生气，这都是什么破事！其实，大多数共同签署人对接下来会发生的事情都没有什么概念。

布莱恩给我发邮件，讲了关于他女朋友买车的故事。老布莱恩帮他的心上人共同签署贷款买了一辆价值 5000 美元的车。让人惊讶的是，心上人开车跑了，他找不到她。更惊讶的是，她不还款了。现在，布莱恩面临的现状就是，要么他的信用被打上赖账的标签，要么他要为前女友支付一辆再也找不见的车。这就是共同签署的结局：破碎的心和破碎的钱包。共同签署就是这样，除非你在寻找一颗破碎的心和一个破碎的钱包，否则不要这么做。

谎言 现金预支、发薪日贷款、先租后买、抵押典当和汽车租赁都是帮助低收入人群成功的必要手段。

真相 这些敲竹杠的例子旨在利用低收入人群，受益的只有贷款公司。

如果低收入者落入这些敲诈陷阱，他们会一直处于社会经济金字塔的最底层。这些"放贷者"都是卑鄙无耻的（我更喜欢称呼他们为"人渣中的人渣"），他们用合理合法的手段剥削穷人，让自己发家致富。而这些贷款的利率都超过了 100%。如果你想一直待在社会最底层，那么就继续和这群人打交道吧。你知道为什么这类贷款公司都在城市里最贫穷的地方吗？因为有钱人不信这套，这就是他们成为富人的原因。

发薪日贷款是目前增长最快的垃圾贷款方式之一。假如你开一张 225 美元的支票，日期是一周后的发薪日，他们会当场给你 200 美元现金。所有这些只需 25 美元服务费，相当于每年超过 650% 的利息！最近，迈克给我的脱口秀节目打电话，说自己陷入了发薪日贷款的困境。他还没有对自己的金钱进行改造，仍然像原来那样进行开销。他的贷款一笔又一笔地增加，直到他无法战胜自己创造出来的骗局。简单来说就是拆东墙补西墙，迈克从一个垃圾贷方那里贷款，去还另一个贷方的钱。循环往复，他给自己的钱造出了死循环。他之所以惊慌失措，原因是他可能因为开空头支票而受到刑事指控，而这些贷款机构的经营模式，就是开远期"空头"支票。可悲的是，迈克的唯一出路是斩断死循环的债务链。他必须停止付款，关闭账户，然后和每个贷款方会面来制订还款计划。这也意味着他需要更多的工作，并且变卖房子里的东西。

这种贷款其实就是合法的高利贷。有些州，比如乔治亚州和阿肯色州，已经在其州以外合法经营发薪日贷款业务。其他一些州，比如纽约州和新泽西州，限制了这种贷款的年利率。甚至联邦政府也意识到了这个问题，将发放给军事人员的发薪日贷款上限定为36%，并且希望其他州也能效仿。

传统的汽车租赁也好不到哪儿去。这个买卖里用到的都是又旧又便宜的汽车。经销商购买了这些车，然后以相当于买车首付的价格出售，每周的利息为18%到38%，这可是一笔巨款啊。镇上的房车司机都认识这些车，因为已经被卖了很多次，然后又被经销商收回。经销商每卖一辆车，他的投资回报率就飞涨。只需几周的时间，就可以用这些现金买一辆车了。如果买家再聪明一点的话，都可以用首付来买一辆车了。

还记得我在本章开头提到的那个红着脸大喊"我现在就要"的熊孩子吗？采用先租后买模式的人与这孩子相似，是最糟糕的例子之一。联邦贸易委员会（The Federal Trade Commission）目前仍在对这个行业进行调查，因为先租后买的交易实际利率平均超过了1800%。对于那些买不起的东西，人们通常会选择租赁。因为他们只看"一周多少钱"，然后觉得我能担负得起。仔细看看这些数字吧，没人能担负得起。洗衣机和烘干机平均每周20美元，租90周那就是1800美元。而花500美元就可以换一套新的；九成新的二手货也只要200美元。我的老教授在谈到先租后买这个业务时，对"买"的评价是："你要活得足够久才划算！"

如果你每周省下 20 美元，连续攒 10 个星期，那么你就可以用 200 美元，把先租后买商店里那个破破烂烂满是刮痕的洗衣机和烘干机买回来啦！或者用这些钱在分类广告、网上买一套二手的。想一想比起周末还要跑到自助洗衣店去洗衣服，这个钱花得很值。当你只看眼前时，你总是会被那些敲竹杠的贷款方骗得很惨。如果你让那个吵着"我要！我现在就要！"的红脸熊孩子主导了你的生活，那么你永远都会处在破产的困境里！

如果你在使用发薪日贷款、汽车租赁或者先租再买等这些贷款手段，那就可以理解为什么你遭受了经济损失。这些业务都是靠穷人为生，如果你想变得很有钱，就要不惜一切代价远离它们。

> **谎言** "90 天免息贷款与现金付款相同"相当于免费使用别人的钱。
> **真相** 90 天免息贷款与现金付款是不一样的。

这个让美国人趋之若鹜的愚蠢营销手段，导致了这样的结果：为了给不喜欢的人留下好印象，我们用并不存在的钱去购买不需要的商品。"90 天免息贷款与现金相同"的政策，让家具、家电和电子产品的销售出现爆炸式的增长。最近我遇到一位女士，她在宠物店养了一只狗。她骄傲地说："可是我早就帮它还清债了。"对小狗来说，它很幸运地避开了回购。

90 天免息贷款与现金完全不同。主要原因有三个：第一，如果你在销售经理眼前挥舞着 100 美元现金，销售经理很可能会给你打折，因为他需要完成销售目标。如果不给你打折，那你就去他的竞争对手那里要求打折。不过你要是选择了他们的分期付款的模式，那就不会拿到折扣。

第二，大多数人不会在规定时间内还清贷款。从全美国的统计来看，88% 的贷款会被延迟偿还，延期后你就要支付高达 24%~38% 的利息，而且要从购买这件商品的当天开始计息。别告诉我说你绝对是那个在 90 天内付清款项的人。在没有折扣的情况下，1000 美元的音响不会让你在 90 天内变有钱，但是将这 1000 美元按照年利率 3% 存起来，90 天后你就能得到 7.5 美元。哇塞，你真是个理财小行家！

第三，玩火者迟早有一天会引火烧身。玛姬给我的电台脱口秀打电话，讲了她自己的故事。她和丈夫在一家全国知名的电器商店买了一台大电视。夫妻俩在免息结束前就付清了电视的钱，以确保不会被骗去利息。可是事情哪有这么简单啊。虽然他们选择了一档比较低的价值 174 美元的维修和保险费，但是销售员却按照更高的费用跟他们签订了合同。类似的欺骗行为防不胜防。所以，这对自以为很聪明的小夫妻虽然付清了电视的钱，却还是有一部分欠款。贷款公司他们要支付一笔从购买日算起按照全部贷款计算的罚息。他们为这件事抗争了很久，虽然这笔钱不应该算在他们头上，可为了避免支付这笔不到 1000 美元的费用，他们还要聘请笔迹专家以及律师去法院出庭。简直太沮丧了。"我们会免费使用您的钱"这种小把戏的反作用巨大。我最近在同一家商店也买了电视，付的现金，还有折扣，付完钱直接搬着电视走了，没有麻烦，没有开庭费用，没有利息，也没有谎言。

是的，弗吉尼亚①，90 天免息贷款与现金完全不同。

---

① 1897 年，一位名叫弗吉尼亚的 8 岁小女孩，给当时著名的纽约台《太阳报》写信，询问世间是否真的有圣诞老人。报社编辑对此认真回复道："是的，弗吉尼亚，圣诞老人是存在的。"作者戴夫·拉姆齐在此化用了这个美国典故。

谎言 贷款买车是一种生活方式，你迟早得"拥有"。

真相 远离车贷，选择有保障的二手车，大部分有钱人都是这么做的，这也是他们成为有钱人的原因之一。

  贷款买车是人们在积累财富之路上做的最愚蠢的事情之一。对于大多数人来说，除了房贷以外，车贷是最大的一笔还款，而车贷从人们身上吸走的钱比其他任何消费方式都多。美联储（The Federal Reserve）指出，贷款期 64 个月，平均每月车贷为 495 美元。大多数人在开始第一笔汽车贷款后，贷款会跟随其一生。哪怕一辆车的贷款已经付清，人们总是会有新的车贷，因为他们总是"需要"一台新车。如果你觉得一生每个月都要还 495 美元的车贷很正常，那么你就错过了将这笔钱存起来的机会。如果你从 25 岁到 65 岁，每个月投资 495 美元，在共同基金平均投资比例 12% 的情况下（80 年代股票市场的平均年收益），你在 65 岁就会有 5,881,799.14 美元。但愿你看了这组数据后还会喜欢新车！

  当我解释先租后买的贷款方式有多么糟糕时，有些人会很不屑，跟那些自作聪明的人一样觉得自己永远不会陷入这种困境，可是你们在买车时犯了更大的错误。如果你每个月都往存钱罐里放 495 美元的话，10 个月之后你就有将近 5000 美元，可以用这些现金买一辆车了。当然我不是建议你一辈子都开 5000 美元的车，但这是让你远离负债的一种方式。你可以把这笔钱省下来，10 个月之后买一辆价值 1 万美元的车，或者再 10 个月之后换一辆 1.5 万美元的车。只用短短的 30 个月，或者说两年半的时间，你就可以开一辆已付全款价值 1.5 万美元的车，也不用还任何贷款！只是因为其他人都贷款买车，所以你也这样做，这可不是明智的做法。那些破产了的亲戚朋友会在你存钱准备买新车时嘲笑你的便宜车吗？他们肯定会这么干，但是对你来说却是好事，因为这恰恰说明你已经走上正轨。

作为一个曾经破产的百万富翁，我迫使自己在表面光鲜和实际很好之间做出决定，这让我摆脱了困境。表面光鲜只是让你破产的朋友对你的豪车羡慕，而实际很好却可以让你比他们都有钱。

你有没有意识到，金钱再生计划已经深入你的内心了呢？你必须明白，他人的看法并不是你前进的动力，达到自己的目标才是对自己最好的激励。还记得马戏团里的那个游戏吗？将一把大锤举过头顶，击打杠杆让重物上升到一根杆子上来敲响大钟。当钟被敲响的那一刻，谁还在乎表演者是不是只有 98 磅重，身体强不强壮呢？他同样会得到女孩们的青睐。当你开始在乎结果而不是表面光鲜时，你已经走上金钱再生计划的这条路了。

现在，我开着一辆又漂亮又昂贵的九成新二手车。可曾经的我并不是这样。破产之后，我借来一辆已经行驶了 40 万英里数的凯迪拉克，树脂车顶已经破破烂烂，风会直接灌进来，车顶被撑得像降落伞一样。车身的主要颜色是霸道（Bondo）油漆。

我在三个月里就一直开着这辆车，却仿佛熬了 10 年。我曾经可是开捷豹的呀！这么大的落差真的让人很不好受。但是我知道，我现在采取与众不同的生活方式，才会让我的未来过得不同凡响。如今，我和我太太可以随心所欲地买任何我们想要的东西，我承认部分原因是我们早期开那辆破用车时所做出的牺牲。我深信思维方式的改变让我们成功拥有一切，这种改变让我们愿意为了最后的成功而忍受一辆老旧的破车。如果你坚持宁可一辈子都靠分期付款来买新车，那么你就永远不可能变得富有。如果你愿意暂时委屈自己一阵子，将来你就可以开着名车，并且拥有一生的财富。要我选的话，我一定会选择后者，也就是成为百万富翁这条路。

谎言 有经验的人都会选择租车。而且你应该租赁那些贬值的东西并享受免税。

真相 消费顾问、知名专家和计算器都告诉你，租车是最昂贵的一种获得车辆的方式。

《消费者报告》《财智月刊》杂志和我的计算器都告诉我，如果你需要得到一辆汽车，租用车辆是最糟糕的方式。实际上，租车也是一种先租后买的行为。租车的资金成本——利率——会异乎寻常地高。2009 年的大多数新车交易都像是在剪羊毛……我的意思是，它们都是用租赁的方式进行的。这简直太糟糕了！抱歉，我觉得这就是羊毛出在羊身上。汽车行业的说客简直强大至极，法律甚至允许贷方不用充分披露其公司经营以及财务情况。他们会辩称，你只是租辆车而已，没必要知道实际贷款利率是多少。美国联邦贸易委员规定，放贷机构在消费者买车或者贷款时要向他们提供真实的贷款声明，而租车的时候却不需要。除非你很擅长计算，不然是无法知道究竟付了多少钱。我帮别人咨询时见过很多人的汽车租赁协议，通过计算，我确认租车的平均利率为 14%。

难道真的不应该租赁贬值的东西吗？这不一定，当然这种算法也不适用于汽车租赁。我们来看一个例子，假如你租了一辆价值 2.2 万美元的汽车，租期为三年。三年租期结束你将车交还，这辆车的价值就剩 1 万美元了。总得有人承担这 1.2 万美元的贬值损失。你也不傻，知道像通用汽车、福特等这些汽车业巨头也不会制订亏损计划。所以你身上的羊毛，或者说你支付的租赁费，外加利润，也就是你支付的利息，就是为了弥补这个亏损（1.2 万美元平分 36 个月的话，每个月支付 333 美元）。

那么你从中得到什么好处呢？完全没有！不仅如此，超过规定里程后，每英里要多收取 10~17 美分的费用。而且但凡车辆上有一点点的划痕、凹痕、地毯破洞、污渍或异味，租车人都要接受"过度磨损"的罚款。租期结束，你只想写一张大支票赶紧完结算了。这些后续的罚款一箭双雕，既可以让你轻松地陷入另一个新的租约里，又可以保证汽车公司赚到钱。

《财智月刊》杂志引用了美国汽车经销商协会（NADA）的说法，如果消费者用现金购买新车，经销商的平均利润为 82 美元。如果经销商说服你与他们融资，他们出售融资合同所获得的利润可达每辆车 775 美元！但是如果他们可以让你租车的话，经销商可以将你身上剪下来的羊毛卖给当地银行或通用汽车金融服务公司（GMAC）、福特汽车信贷或丰田汽车信贷等，获得的平均利润可达 1300 美元！典型的汽车经销商并不是通过销售新车赚钱，而是通过信贷机构和汽车租赁商店。

汽车租赁式剪羊毛商业行为正在剧增，因为经销商知道这才是获得最大利润的途径。我们生活在这样一种社会文化中——我们不再问"这东西卖多少钱"，而是问"这东西的首付多少，月供多少"。如果你只看一个月的支出，肯定会被剪羊毛，因为月度支出总是看起来很少。但是从长远看，你花的钱要多得多。红脸熊孩子再一次用不明智的方式买了他买不起的东西，还要试图为自己愚蠢的行为辩护。如果你真的想要让自己的钱再生，就不要理会红脸熊孩子的方式。

克雷格打电话到我的节目，和我争论租赁的问题，因为他的注册会计师说他应该租一辆车。（事实证明有些注册会计师的数学一塌糊涂，或者说懒得花时间认真计算！）克雷格有自己的公司，他觉得如果公司名下拥有一辆车，就可以减免税款。克雷格有 2 万美元现金，他本可以直接购买一辆一年车龄的车，这样就可以达成他的目的。可是他却准备花 3 万美元租一辆新车。他忽略了两点，第一，98% 的新车交易都会剪羊毛，因为新车贬值很快，这可不是个明智的商业决策；第二，为了冲抵税费而产生一笔不必要的额外开支，显然并不划算。

我们假设克雷格每月用 416 美元，每年就是用将近 5000 美元租金租了一辆车，这辆车 100% 用于公司业务（这也不太可能，因为审计时会露出破绽）。如果你能抵税额度是 5000 美元，那么就不用为这笔钱缴税。不过要是克雷格没有这 5000 美元的抵税额度，他就要为此缴纳 1500 美元的税款。克雷格的注册会计师建议他为了避免给政府缴纳 1500 美元的税款，应该给汽车公司送去 5000 美元，看来这位注册会计师确实数学不好。另外，克雷格要为价值 3 万美元的车负责，原本他可以买一辆已经用过一年但也避过了贬值最严重的头一年的价值 2 万美元的二手车。

我的公司用我自己的车。我们可以对这些车进行直线法折旧或者里程抵税。如果你公司的车不贵但是行驶里程数多的话，就可以选择里程抵税。要是像我一样，车很贵但是里程数不多，那么就可以直线折旧。这两种减免税收的方法都是可行的，不需要支付愚蠢的租车费用。如果你自己没有公司，也没看懂抵税的内容，没关系。只要记住，一个聪明的企业所有者，是不会被一辆车剪羊毛的。

> **谎言** 你可以零利率贷款购买一辆新车，很划算的。
> **真相** 新车在头四年会贬值60%，这可不是零利率。

我们在前面讨论了购买新车的几种形式。除非你是百万富翁，就是想闻闻新车的味道，否则你真的买不起新车，也承担不起几千美元的损失。一辆使用不到三年但车况良好的二手车，要比一辆新车可靠得多。一辆价值2.8万美元的新车，在你拥有的前四年里，要贬值1.7万美元，这相当于每周贬值100美元。为了更好地理解我的意思，你可以试试每个星期向窗外扔掉一张100美元的钞票。

百万富翁一般都会开着没有贷款的、已有两年车龄的二手车，因为他们直接现金购买。百万富翁都不愿意承担新车急剧贬值带来的损失，这也是他们成为百万富翁的原因。我并不是说你一辈子都不能开新车，除非你非常有钱，付账时眼睛都不眨一下，不然你承担不起这种奢侈品。汽车经销商会告诉你，你是在"买旧车就是在买别人的麻烦"。可是，他们为什么还要销售二手车？这不是不道德吗？事实上，大部分还比较新的二手车都已经解决了这些问题，没有被交易是因为曾经是坏车。2009年，几乎80%的新车都会被出租，你买到的车很可能是之前用于租赁的。我最近就买了两辆车，分别是一年车龄和两年车龄，都是租赁归还的车，跑过的里程数都很少。

如果你能理解我说的贬值带来的巨大损失，就会意识到所谓的"零利率"并不等于"零成本"。虽然借钱原则上不会让你损失什么，但是你在价值上损失巨大，还是被占了便宜。但是，男人们（女士们很少这样）总是用零利率的说法来充当"需要"买车的最佳借口。所以即便利率很吸引人也要拒绝，因为整个交易仍然相当于你每个星期向窗外扔 100 美元钞票。

有些人为了获得保修而买一辆新车。如果你的车在四年里损失了1.7 万美元的价值的话，你的保修费也实在太贵了。1.7 万美元足够你把车重新翻修一次了！要记住，哪怕你买的是一辆还有些新的二手车，依然在大多数生产商的保修范围。当然，在你开始进行金钱再生计划时，你可能要开一辆老旧破车。但是你的目标是要避免零利率骗局的诱惑，买高质量的二手车。（还是想买新车吗？没问题，新车看着就好，闻起来也好，开起来更好，但是月复一月年复一年的贷款，可不会让人感觉很好呀。）

谎言 你应该办一张信用卡来建立信用。

真相 除了贷款的时候可能需要信用卡，不然你的金钱再生计划里不需要信用卡，当然贷款也不需要用到信用卡。

"建立你的信用"可以说是众多荒诞说法中最有意思的一个。多年来，无数的银行家、汽车经销商和不明所以的贷款机构一直在告诉美国人要"建立你的信用"。这是什么意思呢？意思是说我们得用一笔债务得到另一笔债务，债务才是获取东西的方式。而我们这些有了金钱再生经验的人却发现，用现金买东西可比用债务好得多。但是如果我像银行家那样出售债务，我也会倡导要用一笔债务去得到更多的债务。然而，这只是个骗局而已。

当然了，如果你的生活中充斥着信用卡、助学贷款和车贷等债务的话，你确实需要通过借贷和按时还款来"建立信用"。可这不是我要的。我们必须要知道如何申请到房贷。稍后我会向你介绍 100% 摆脱贷款的方案，如果你必须要贷款，我也可以讲讲如何获得 15 年固定利息贷款。要是你希望 15 年的固定利率还款金额不超过税后收入的 25%，我也不会大惊小怪地问你，你真的需要贷款吗？我不会这样做。

你需要找一家真正去核实贷款申请人信息的抵押贷款公司，这意味着他们足够专业，会深入调查你的生活细节，而不是只给出一个美国个人消费信用评估（FICO）分数，傻瓜才会看这个评估分数。如果你的生活状态正常，就可以申请房贷。现在我来讲讲"生活状态正常"的定义。

如果符合以下条件，你就有资格获得常规的 15 年期固定利率贷款：

- 你已经提前或按时向房东交了两年房租。
- 你有一段不间断的、按时付款的历史记录，比如水电费、保险费、学费、儿童保育或医疗费。
- 你已经连续两年在同一领域内工作。
- 你的首付金额较高，当然比"没有首付"带来的个人信用评分要高得多。
- 你没有其他的信用记录，无论好坏。
- 你的贷款金额不会太大。如果你比较保守，月还款额只占税后实际收入的 25%，那么这会让你获得优质贷款申请人的资格。

美国个人消费信用评估（FICO）是一种评估人们"喜爱负债"程度的评分系统。根据 FICO 网站，你的个人信用评分是由以下几方面来决定的：

35% 取决于还款历史记录

30% 取决于贷款历史记录

15% 取决于贷款年限

10% 取决于贷款次数

10% 取决于贷款类型

也就是说，如果你停止贷款，就会降低你的个人信用评分。这个分数并不是说你生财有道或者腰缠万贯，而是从数字的角度告诉大家你爱债务。请不要吹嘘你的个人信用评分有多高，这让你看起来好像和银行打得火热的蠢蛋。

所以在没有个人信用评分的情况下，你能申请到抵押贷款吗？很多贷款公司越来越懒，个人信用评分是他们唯一承认的贷款指标，甚至没有这个评分就不知道该怎么做贷款业务了。但是我刚刚也说过，哪怕你的分数是零，也可以申请到贷款。你肯定不愿意自己的个人信用评分太低，那么最好的方式要么拿高分，要么干脆零分。顺便说一句，我的个人信用评分就是零分，因为我几十年都没有借过款了。

 你需要信用卡才能租车、住酒店、上网购物。

真相 借记卡同样能办到这些事。

用信用卡能做的事，与你的支票账户相关联的维萨借记卡或是其他类型的支票卡都能做到。我本人有一张个人借记卡，还有一张公司名下的借记卡，就是没有信用卡。当然你的借记卡里面必须有钱，才能去买东西，不过用钱买东西也是你金钱再生计划里的一部分。虽然有些汽车租赁公司不接受借记卡消费，不过大多数汽车租赁公司都接受借记卡租车。你在租车前最好提前跟当地的汽车租赁公司确认一下。无论住酒店还是网购，我都是用借记卡。实际上，我每年都要出差去全国各地做活动或者做演讲，而借记卡让我不用欠钱就可以享受生活的美好。

记住，只有一件事借记卡不能办到：让你负债累累。

> **谎言** 借记卡比信用卡风险大。
>
> **真相** 绝非如此。

当我说到用借记卡网购和住酒店时，你们有些人可能会担心银行卡的安全问题。人们普遍认为，使用借记卡来完成这些事情风险会比较大。这只是所谓的金融专家们散布的谣言而已。事实上，维萨公司规定发卡银行在防盗防诈骗方面为借记卡提供同样的保护。如果你有任何疑问，可以阅读维萨公司网站上的责任信息。我直接联系了维萨公司，这是他们发给我的声明：

> 维萨免责政策涵盖通过维萨公司系统处理的所有维萨信用卡和借记卡交易。维萨借记卡受到与维萨信用卡同等的包含并被赋予同等的权益——包括发卡方需要解决持卡人与商户之间因货物有缺失、未收到货、多收费或其他原因产生的纠纷。

不过要记住，为了让你的借记卡得到全面保护，一定要像使用信用卡交易那样，不要使用个人识别密码。我就是这么做的。

> **谎言** 如果你每个月都还清信用卡的欠款，就相当于你在免费使用别人的钱。
>
> **真相** 数据显示，60% 的人无法做到按月还清信用卡欠款。

　　之前我说过，玩火的人迟早会惹火烧身。我听过太多这些充满诱惑的话语，等着毫无防备的人陷入其中。免费的帽子、赠送飞行里程、积分返还、免息刷卡、注册费享受折扣……太多太多的优惠都是为了诱惑你去办信用卡。你有没有想过，他们为什么这么努力让你陷入其中？因为你陷进来，他们才会赚到钱。

　　你不会戴那顶免费的帽子，而且根据 MSNBC.com 网站数据，90% 的航空里程不会被兑换。下次你去商店，店员跟你说办一张他们商店的信用卡就可以享受折扣，那么接下来你会彻底忘记现金，只会用卡来消费，这个循环就开始了。你可能会想，我把自己的欠款付清，就可以用别人的钱消费。你觉得自己赚了，你又错了。一项在麦当劳使用信用卡消费的研究发现，人们使用信用卡消费的金额比用现金消费多 47%。毕竟花现金会让你觉得心疼，所以你才能控制消费。

　　最关键的问题是，百万富翁们会怎么做？他们不是因为免费的帽子、积分、航空里程或者用别人的钱而成为有钱人的。破产的人又是怎么做的呢？他们使用信用卡。美国破产协会（American Bankruptcy Institute）针对申请破产的人做了一项研究显示，69% 申请破产的人表示，信用卡债务导致他们破产。破产的人才会用信用卡，有钱人则不会，这就是我要说的。

　　在开始执行戴夫建议的计划之前，我因为工作和经济状况的压力，胸口疼住进医院。我和我妻子在旧金山湾区赚了很多钱，这也没什么可说的，但是我们生活压力一直很大。多年来我们就是想搬到离孩子、孙子、父母和兄弟姐妹们近一些的地方住。但是身上背的债务，让我们无法接受薪水低的工作。

每天长时间的通勤，让我们无意中听到了"戴夫·拉姆齐秀"，当时我们的债务高达 9.5 万美元。节目听了没多久我们就意识到，他说的都是大实话，也是真理。我们取消了信用卡，一小步一小步地开始金钱再生计划。18 个月后，我们还清了所有消费欠款和车贷，并且存下了 6 个月的应急基金，并且计划在 7 年内还清房贷。

当我们摆脱了所有的消费欠款后，很有意思的是充满压力的工作不再是经济上的必需品，我们的生活压力也没那么大了，我第一次看到了生活的曙光。上帝通过戴夫回应了我们的祷告，让我们清楚地看到，如何做才能和家人的距离越来越近！

现在我们已经零债务了，包括房贷也还清了。我们每周都会和家人见面，弥补多年来错过的美好时光。我们仍然将收入的 15% 存起来，满心感激地捐给教堂和慈善机构，希望可以回报我们已经得到的和继续得到的祝福。

我们告诉每一个愿意倾听我们故事的人，戴夫带给我们经济上的和平安宁。摆脱使用信用卡，消除信用卡债务，让我们在经济上得到了解放。我们可以接受薪水不高的工作，把更多精力放在更重要的事情上。以前我和我妻子过得还不错，可是现在，我们真正感受到了生活的快乐。

艾伦·克拉夫（48 岁）

朗尼·克拉夫（47 岁）

两人均从事信息技术管理工作

> **谎言** 给你的孩子也办一张信用卡，这样可以让他 / 她学会对金钱负责。
>
> **真相** 给你孩子办信用卡，是教育他们对金钱不负责的最好方法。这也是为什么现在青少年是信用卡公司的头号目标。

上述我已经讲了信用卡有多么罪恶，所以在青少年信用卡的问题上也不再赘述了。我只补充一点，把你的孩子扔进鲨鱼池里，绝对会让他们和你都心痛一辈子。我还要告诉你，超过 88% 的大学毕业生，在工作前就已经有信用卡债务了！信用卡的销售人员尽其所能进行宣传，使得信用卡被视为某种成人礼。美国青少年认为，只要他们有了信用卡、手机和驾照，就是成年人了。可悲的是，这些所谓的"成就"，和真正成年没有任何关系。

作为家长，当你给 16 岁的孩子办了一张信用卡，并且希望以此来教会他对钱负起责任，就好像教育他要对枪支负责，却让他睡在一把装满弹药关了保险的自动手枪旁边一样，愚蠢至极。但凡有点常识的人，都不会在 16 岁的孩子手里塞一瓶啤酒，然后告诉他们饮酒要有节制。对孩子来说，你本来应该是靠得住的家长，你却给了孩子一张信用卡，不仅鼓励孩子使用，还把不好的理财观念带给孩子，简直蠢到家了。但不幸的是，这种行为在现今的家庭中已经常态化。家长真正应该教给孩子的是学会对信用卡说不。现在去任何一个校园，你都会震惊于毫无责任心的信用卡营销，完全没有意识到他们面对的是没有工作的学生们。这种做法的结果是毁灭性的。俄克拉荷马州的两名大学生因为无法偿还信用卡债务而自杀了，账单就摆在他们身边。

我在 18 岁的时候得到了第一张信用卡。尽管我并不清楚信用卡是如何运作的，但拿到它的那一刻我觉得自己成年了。我甚至不确定自己是否知道要还款！

后来我失业了，账单越堆越多，于是我从公寓搬出来住进自己的卡车里，希望可以省一些钱。结果，我的卡车被收回了！很长一段时间里，无论买什么我都会刷信用卡，完全没有任何预算计划，我把信用卡当现金来花。

然后我结婚了，可是债务给我和我的妻子带来很多压力及不安。我们住在政府补助的廉租房里，我妻子非常害怕自己一个人在家！过着月光族的日子，我们真心希望家里不要出什么大事儿。我们的生活没有任何缓冲，完全不知道下一个紧急情况什么时候会降临。

我在电台里听到了戴夫的节目，看了这本书，开始一步一步慢慢改变。我们在没有应急基金的情况下放弃了所有信用卡，这让我妻子很紧张。我们用 3 万美元的年收入，还清了 1 万美元的债务，现在我们债务清零了！

制定预算的时候，我们再也没有什么分歧。每次发工资，我们会捐出来一小部分，存下来一部分，支付账单，然后把剩下的钱装在不同信封里，用于其他开销。我买了 20 本他的书给了同事们，这样他们也可以体会到无债一身轻的感觉，而且手里还有现金可以使用。我从原来对金钱一无所知，变成了现在债务清零，还在帮助其他人实现财务自由！

戴夫·贾勒特（30 岁，技术支持 / 小企业主）

泰勒·贾勒特（25 岁，诊所医生助理）

文斯给我的节目打电话，让我看到已经成为一种趋势的一个问题。为了得到学校的免费 T 恤，文斯在大二的时候办了好几张信用卡。他原本打算除非遇到紧急情况，不然不会刷信用卡。可是"紧急情况"每周都会发生，很快他就欠下了 1.5 万美元。他没法偿还这笔欠款，所以只好退学去打工。可是他没有学位，只能找到低收入的工作。更糟糕的是，他还有 2.7 万美元的助学贷款。当你还在学校上学的时候，是不用偿还助学贷款的，可是当你一旦离开校园，无论是毕业还是退学，就必须开始支付助学贷款。文斯在 21 岁的时候就背上了 4.2 万美元的债，可是他的年收入才 1.5 万美元，这让他陷入恐慌。更可怕的是，文斯的情况是"正常的"。美国破产协会透露，2008 年新增的破产者有 19% 是大学生。这意味着，每五个申请破产的人当中，就有一个是年轻的学生，他们刚刚开始自己的新生活，就面临着财务上的失败。所以，你还觉得给自己的孩子办一张信用卡是明智的做法吗？我希望不是。

贷款机构这么激进地向青少年们推销信用卡，其中一个原因就是品牌忠诚度。贷款机构发现，消费者对于发给他们第一张信用卡——成年的标志——的银行，有极高的忠诚度。我在做现场活动谈及信用卡的坏处时，发现很多人对于他们在大学时得到的第一张信用卡感情极其深厚，紧紧抓住不放，就好像这张卡是他们的生死之交似的。所以品牌忠诚度是真实存在的。

现在全美上千所高中都开展了一门课程，叫作个人理财基础。这门课的效果好得令人震惊。青少年们在需要金钱再生计划之前，就已经明白了这个计划的意义。最近，15 岁的切尔西刚刚完成了这门课程的学习，她说："我认为这门课将彻底改变我的一生。每当我看见有人使用信用卡的时候，就会想：妈呀，他们怎么能这么糟蹋自己的生活呢？之前我总认为，人总是要有信用卡欠款、房贷、车贷，等等，现在我已经不这么想了，这一切都是不必要的。"

做得很好，切尔西。

面向儿童的品牌宣传

你必须尽早教育孩子正确的理财观，因为面向儿童的品牌宣传如今已经司空见惯了。当我儿子 11 岁的时候，我在一盒葡萄干麦片的背面看到这样一段话："Visa……谷底小镇的官方指定用卡……出自儿童电影《圣诞怪杰》。"

很明显我不是这个广告的目标客户，我儿子才是。贷款机构越来越早地开始给孩子们灌输依赖信用卡的观念。很多年前，美泰公司（Mattel，全球最大的玩具生产商之一）推出了万事达卡赞助的"酷炫购物芭比娃娃"。这个"酷炫"的芭比有自己的万事达卡。她每次刷卡的时候，收银机就会发出"刷卡成功"的声音。由于消费者的强烈反对，美泰公司最终将该产品下架。又过了几年，美泰公司又推出了"芭比娃娃收银机"。看来这个娃娃很喜欢购物，收银机自带美国运通卡。为什么这些公司一而再再而三地向小孩子宣传这些内容呢？这种品牌宣传会无形中鼓励孩子们以后对信用卡的选择倾向，是不道德的。

所以，我们要用自己的方法对抗面向孩子们的品牌宣传。《下一代的财务和平》可以帮助家长们为 3~12 岁儿童树立正确的理财观。当然，没有这本手册也可以教孩子们理财的原则。无论怎样，这是一定要让孩子学会的。在我家，我们用同样的方法教给孩子关于金钱的四个注意事项。我们希望在家里创造出一个对金钱有正确认识的良好环境，这样可以帮助他们用常识抵消品牌宣传带来的影响。我们不会像某些训练营那么激进，但是我们教会孩子们工作的意义，通过做家务来赚钱。这笔钱不是零花钱，而是劳动所得的工钱。和现实世界一样，工作就会得到报酬，不工作就没钱。孩子们把赚来的钱分别放在不同的信封里，并且在信封上标注"存款""花销"和"捐赠"。当孩子们在成熟父母的指导下，学会了工作、存款、花销和捐赠，就能避免陷入"信用卡等于富裕生活"的错误信息中。

> **谎言** 债务合并可以节省利息，你就可以少付一笔钱。
>
> **真相** 债务合并非常危险，因为治标不治本。

债务合并只是个骗局。你觉得自己为了解决债务问题而做了一些事情，可是债务依然存在，导致债务的坏习惯也依然存在，你只是对债务做了形式上的转移而已！你是无法通过借钱来摆脱债务的，就像你不可能通过挖一个坑来跳出另一个坑。拉里·伯克特曾说过，债务不是某种问题，而是一种症状。我认为，债务是过度消费和储蓄不足的外在表现。

我的一个朋友在债务合并公司工作，他们的内部数据显示，78%的人在合并债务后债务又重新回到原有的债务水平。为什么会这样呢？因为负债的人缺乏清晰的理财计划，还没有决定到底用现金支付还是干脆放弃购买，也没有为预防"突发事件"而存钱，而这些"突发事件"最终也会变成债务。

债务合并看起来很吸引人，因为某些债务的利率和还款额都很低。

当我们回顾所有案例后发现，较低的还款额并不是因为利率低，而是还款期限被延长了。负债时间越长，还款额就越低，你支付给贷方的金额就越多，这也是为什么他们会向你推销债务合并的业务。从根本上解决这个问题的方法不是利率，而是金钱再生计划。

> **谎言** 贷款的钱超过房子的价值是个明智之举，因为我可以重组债务。
> **真相** 你会深陷房贷无法自拔，这种行为蠢得要命。

今天的节目里，我接到了一个绝望男人的电话。他叫丹，现在濒临破产。丹申请的第二笔按揭贷款是 4.2 万美元的住房权益贷款。他的第一笔按揭贷款的金额是 11 万美元，这使得他的贷款总额达到了 15.2 万美元。他的房子价值 12.5 万美元，他的负债比房子的实际价值多了 2.7 万美元。两个月前丹失业了，庆幸的是他在另一个州又找到了新工作。可是他没办法卖房。他 16 年来未曾换过公司，以为这样就有了保障。但是现在，他在几个月后就陷入了困境。

我给丹的建议是，给第二笔按揭贷款的放贷公司打电话，向他们承认这笔贷款没有任何抵押品。虽然放贷公司在 100 年内不会取消抵押品赎回权，但是当第一家放贷公司取消抵押品赎回权时，他们会起诉丹。所以，在要求第二笔放贷公司放弃对超出房屋价值的那部分权益的留置权之后，丹需要签署一项证明，并且支付剩下的款项。因此丹要花数年的时间，为已经失去所有权的房子支付第二笔贷款。但是像大多数人一样，他的第二笔贷款是用来偿还他已经在信用卡、医疗费和其他生活费上欠下的债。现在，丹已经在另一个州开始了新工作。但是他后悔不已，如果能马上卖掉房子，他宁愿背负所有的旧债。

谎言 如果没人贷款，经济将崩溃。

真相 并不会。没人贷款，经济依旧繁荣。

　　经济学老师很少会发表这种谬论。而我的梦想，则是尽量帮助更多的美国人实现金钱再生。不幸的是，哪怕我卖出 1000 万本书，每年还是会有 70 亿张新的信用卡诞生。不过从另一方面想，我也不会失业。就算世界上有最好的减肥方法，也不能确保美国没有胖子，毕竟麦当劳到处都是。

　　出于好玩儿我们假设一下，假如在一年内，每一个美国人，无论出于什么原因，都停止使用任何债务会怎么样？经济会崩溃。如果每个美国人都慢慢地进行金钱再生计划，在未来 50 年内都不使用债务呢？尽管银行和贷款机构会遭受损失，经济将会繁荣。如果没有贷款，人们会怎么做？号啕大哭吗？不，人们会开始存钱、消费，而不是送给银行。

　　无债务人群的消费，会支持经济发展使其繁荣昌盛。如果没有"消费者信心"或由于缺乏"消费者信心"而产生的波动，经济将会更加稳定。（消费者信心是经济学家用来衡量，你由于对经济繁荣感到飘飘然从而过度消费的指标，其中完全没有考虑到你会深陷债务无法自拔。如果一个人摆脱了债务，消费量力而行的话，那他绝对非常有信心。）储蓄和投资会使财富积累达到前所未有的水平，可以让你的支出更加稳定。捐款也会增加，很多社会问题都会私有化，因此，政府不需要投入更多的福利。这样税收会降低，我们的财富才会更多。正如伟大的哲学家奥斯汀·鲍尔斯①所说："资本主义，来吧宝贝儿！"是啊，资本主义很酷。那些担心两极分化、贫富差距扩大的人不需要再依赖政府来解决问题，只需要全民的金钱再生计划。

负债不是工具

你开始理解负债不是工具这句话的含义了吧？那些大骗局和下面的小谎言已经广为流传。要记住，如果有人说谎的次数够多，声音够大，时间够长，谎言就会被当成真话。不断重复而冗长的谎言，终将变成普遍接受的做事方式。就此打住吧。债务不是工具，那只是让银行，而不是你变得富有的手段。

积累财富最大的资本就是你的收入。当你把自己赚来的每一分钱都花光时，你失败无疑。当你将收入进行投资，你才会变得富有，才可以做你想做的任何事情。

如果不用偿还贷款，你每个月可以存多少？花多少？捐多少呢？你的收入才是积累财富最大的工具，而不是债务。你的金钱再生计划之路，始于永远改变对债务骗局的看法。

---

① 电影《王牌大贱谍》中的角色。

04 | 金钱骗局：（不）是有钱人的秘密

大多数金钱骗局都与这样的谎言有关，比如致富是有捷径的，或者说发财不需要你承担风险。我们渴望着不付出任何努力，不冒任何风险，就可以变得健康、富有、博学。这种事情永远不会发生。除此之外，为什么要通过买彩票变成百万富翁？为什么人们还要继续做着自己讨厌的工作，寻求虚假的安全感？金钱再生计划的核心，就是坚持与众不同的生活方式，这样你就能过上与众不同的生活。达成这一目标是要付出代价的，而且没有捷径可言。当某件事情看起来好得让人难以置信时，没人愿意遭受不必要的痛苦、风险或者牺牲。本章讲到的谎言主要基于两个问题：第一，否认风险的存在，认为绝对安全是存在的；第二，有人认为发财有捷径，或者致力于寻找可以打开宝箱的魔法钥匙。

否认风险

在金钱的世界里，否认风险表现为多种形式。有时，否认风险表现为懒惰，因为我们不愿意花精力去意识到取得成功是需要努力的。有时，否认风险表现为屈服。在这种情况下，我们被打败，被按在地上摩擦，我们挥舞着白旗投降，接受了糟糕的解决方法而做了蠢事。当我们极力找寻根本不存在的虚假安全感时，否认风险就会以积极的形式表现出来。有些人拒绝承认风险的方式是在他们讨厌的岗位上工作 14 年，只因为这个公司让他们得到"安全感"。他们最终会发现，这个有"安全感"的公司会因为申请破产而将他们解雇，让他们的生活一瞬间崩塌。对待金钱时否认风险的态度，总是始于错误理念，终于理想破灭。

轻松地赚快钱

第二个潜在问题，是追求轻松地赚快钱。轻松地赚快钱，是人类历史上最古老的谎言之一。捷径、微波炉晚餐、速溶咖啡、中彩票成为百万富翁等，我们所期盼的这些东西可以提高生活质量。可事实并非如此。世上没有致富的秘密，因为致富的方法根本不是秘密。如果你在寻找魔法钥匙，就会把自己置于痛苦中，并与财富失之交臂。我的一位牧师曾说过，以正确的方式生活并不复杂，可能很难做到，但是真的不复杂。以正确的方式理财也是如此，一点都不复杂，它也许很难，但是真的不复杂。

谎言 vs 真相

除了债务骗局之外，我们还必须为你的金钱再生之路扫清几个金钱骗局。大多数金钱骗局都是基于之前讨论过的问题：否认风险和（或）希望一夜暴富的心态。

> **谎言** 等退休了，一切都会好起来的。我知道自己没有存款，但我会没事的。
>
> **真相** 救兵不会从天上掉下来。

我要怎么委婉地解释呢？不会有骑着白马身穿闪亮铠甲的骑士向你奔来，解救你于水火中。醒醒吧！在现实世界里，很多悲惨的老人靠着狗粮活着！请不要幻想政府的福利能好好照顾你的晚年生活。那是你自己的事！现在已经到了紧要关头！你的房子都要烧塌了！你必须有储蓄，你必须为自己的未来投资。你不会没！事！的！明白了吗？

直到最近，大部分生活在富饶土地上的美国人被催眠，认为一切都会"好"起来的。除非你朝着这方面努力，否则事情不会好起来。你的命运和尊严掌握在自己手里。你，才是对退休生活负责任的人。稍后我们会在书里讨论如何管理退休生活，不过现在你最好100%相信，不是明天，也不是未来某个时候，而是现在你就要全身心关注退休后的生活。个人而言，我可不想退休后在麦当劳工作，除非是那家开在美属维尔京群岛圣托马斯岛的麦当劳。

> **谎言** 黄金是一种很好的投资方式。如果经济崩溃，也会有黄金让我避免遭受损失。
>
> **真相** 黄金投资以往的业绩不佳，而且经济崩溃时黄金也没用。

黄金总是被当作稳定的投资工具来销售，似乎每个人都应该拥有。传统观点认为："黄金是商品和服务交易的天然标准。"说完这段推销的话之后，谎言传播者会向你展示经济衰退时，黄金是唯一能保值的东西。接下来，他们会鼓吹："你会拥有每个人都想要的东西。"人们听信了这些宣传，开始投资黄金，去追求所谓的安全感并否认风险。

真相是，黄金是一种很差劲的投资工具，长期以来一直表现平平。从拿破仑时期到现在，黄金的年均收益率就在 2% 左右。追踪黄金在近 50 年的收益记录，黄金的年均收益率大约保持在 4.4% 左右，基本与通货膨胀率持平，仅略高于银行存款利率。如果在同一时间内投资一个不错的成长型股票共同基金，你的收益率可以达到大概 12%，尽管在这 50 年里一直存在重大波动和无数的风险。

尽管黄金从 2001 年开始表现得很好，但是这是历史上唯一出现高回报率的几年。而这些高回报，大多是基于 9·11 事件和 2008—2009 年经济衰退带来的悲观情绪。

还有很重要的一点要记住，黄金在经济衰退时是没用的。历史告诉我们，当经济完全崩溃时，首先出现的是黑市的以物换物交易方式，人们会用物品交换其他物品或者服务。在原始社会，具有实用功效的物品往往成为交换的媒介，经济崩溃时也暂时变成这种情况。一项技能、一条蓝色牛仔裤或者一箱汽油都会变得很值钱，但是金币或者金块却不值钱。通常情况下，一个政府从灰烬中诞生后，会制定新的纸币或硬币。黄金顶多是个配角。而黄金投资者们会心痛地发现，房地产、罐头食品或者知识，才是在经济衰退时规避风险的更好工具。

> **谎言** 如果我买了这套 DVD，加入这个投资项目，每周只要工作三个小时就能快速致富。
>
> **真相** 没人每周只工作三小时就能有六位数的收入。

最近，我收到一封邮件，有位先生邀请我一起加入一个号称投资回报率为 500% 的项目。他声称这项"投资"的前景非常好，他有几个朋友已经和他一起开始这项投资了。（天哪，不会吧！）虽然他表示自己平时非常忙，但还是可以挤出时间和我见面聊一聊。不了，谢邀。虽然我不知道具体是什么投资，但我很清楚这是个骗局。不是我愤世嫉俗，我只是非常了解何为投资。任何投资都不会出现 500% 的回报率，我也不想浪费时间和口舌来解释其中的逻辑漏洞。这就是个骗局。赶紧离这些人远点吧！

年轻的时候，我也经常受到这种垃圾骗局的困扰。后来，我会时不时和发这种邮件的人见面，指出这个骗局的漏洞。现在我只会摇摇头不再理会，因为我知道，他和他的朋友们必然会遭受痛苦和损失。

你是否看过午夜档的电视购物节目，专门卖"致富秘籍"DVD 的那种，可以让你通过购买零首付房地产或者洞悉股票市场秘密而一夜暴富。或者教你一些致富的小手段，比如坐在家中往信封里塞医疗账单就可以轻松赚钱。然而现实是，机器每分钟可以装数千个信封，每个成本才不到 0.1 美分，一个需要养家糊口的全职妈妈怎能依靠它来增加家庭收入！每一千个人里面可能只有一个人能通过处理医疗账单来轻松获利。而以医疗账单获得合法收入的人通常都来自医疗行业，而那些只参加过几次周末培训课程的人是难以胜任的。不要上当！

你可以购买零首付房产，但是你会由于欠款太多而造成现金流断裂，而且每个月都要"供养"这套房。我曾经很多年一直购买丧失了抵押品赎回权的房产，并且从中获利，所以很清楚这是怎么回事儿。那些能用现金买房的人才是真赢家。哪怕你经验丰富，在房地产业游刃有余，也只有 1/200 的机会达成一笔划算的交易。我曾经每周工作

60 个小时，花了很多年时间才在房地产业拿到六位数的工资。

股票市场吸引了全世界最有商业头脑的精英加入其中。这些股票天才花了几代人的时间不停地研究股票、跟踪数据、制作图表，在股票市场里呼吸。然而每隔几年，总有一些骗子或者小报声称，自己"发现了"股票市场中鲜为人知的秘籍、模式或者趋势，可以"让你变成有钱人"。一群比尔兹敦的女士（The Beardstown Ladies）出版了一本《纽约时报》畅销书排行榜的上榜图书，讲述了一群可爱的小人物学习投资，并且发现了如何获得高回报的秘密的故事。事实上，整件事情就是个骗局。她们从来没有得到过巨额的回报，出版商也被起诉了。还有一本关于狗股理论（Dogs of the Dow）的书，主要讲了一个罕为人知的股票模型，即通过购买道琼斯工业平均指数（Dow Jones Industrial Average）中最烂的股票来致富。可结局是作者后来发现自己这套理论不管用，又写了一本投资证券的书。

相比之下，那些教人们努力工作、量入为出、摆脱债务，制订生活计划的书或者 DVD 真的很难卖。但是我会一直尝试，因为这是唯一可行的办法。世界上没有快速致富的秘籍，你越早明白这点越好。

> **谎言** 具有现金价值的人寿保险，就像终身寿险一样，可以保证我退休之后生活得很滋润。
>
> **真相** 具有现金价值的人寿保险是最差劲的一种金融产品。

可悲的是，目前市场上的人寿保险有 70% 以上都是具有现金价值的保险。具有现金价值的保险，是一种兼具保险功能和储蓄功能的金融产品。不要投资人寿保险，因为投资收益很不好。虽然保险公司会告诉你一个非常好的回报预估,但实际的效果远远不及预期那样好。

我们来看一个例子。如果一个 30 岁的男人每月有 100 美元人寿保险的支出,并且购买的是现金价值排名前五的大公司的保险,那么他可以为全家购买一份保额为 12.5 万美元的保险。现金价值保单的卖点是可以为退休积累储蓄。但是,如果这个人购买了保期为 20 年、保额为 12.5 万美元的定期人寿保险,那么每个月的保险开支就只有 7 美元,而不是 100 美元。哇!如果他选择了现金价值保单,那么每个月剩下的 93 美元就可以存起来了,对吧?并不是这样,这里面还有其他支出。什么?其他支出?多少钱?在购买保险后的前三年里,每个月剩下的 93 美元都用于支付佣金和相关费用。之后,终身人寿保险的年平均收益率为 2.6%,万能人寿保险的年平均收益率为 4.2%,新型的包含共同基金的可变人寿保险的年平均收益率为 7.4%。这些数据来自《消费者报告》、美国消费者联盟、《吉普林个人理财》杂志以及《财富》杂志,所以数据真实有效。此外,在美国保险业权威杂志《国家保险》最近发表的一篇名为《行业代言人》的文章里,展示了 14 家保险公司的收益图表。上面显示这些公司在 20 年里的平均年收益率只有 6.29%。无论如何,这种保险产品真不是保障退休生活的好选择。

更糟糕的是,在被剥削了这么多年之后,你在终身人寿保险和万能人寿保险里存下来的钱,在你去世后才能交到你的家人手上。你的家人唯一能得到的是保险单的面值,也就是上面例子里的 12.5 万美元。事实上,最好的做法是购买每月 7 美元的定期人寿保险,然后把剩下的 93 美元放入存钱罐里。这样至少三年以后你能得到 3000 美元,你去世后你的家人也可以拿到这笔积蓄。

当你阅读这本书并学着如何金钱再生计划的时候,可以开始一些良好的投资。这样等到你 57 岁时，孩子们都长大离开了家，房贷也还清了，你还有 70 万美元的共同基金，那时的你完全有能力保障自己的晚年。这就意味着，20 年定期人寿保险到期后，你完全不再需要什么终身寿险了，因为你不需要养孩子，不需要还房贷，还有 70 万美元。哪怕你去世了，你的老伴也只是对于你的逝世伤心难过，而不会为生计犯愁。

谎言 我可以靠着彩票和其他博彩游戏致富。

真相 彩票是对穷人和数学不好的人征收的一种税。

前些天，我受邀去某个彩票风行的州做演讲。我去加油站的路上，看到一群人在那里排队。我以为我也得排队付油钱，后来才意识到这群人在排队买彩票。你见过这种场景吗？下次看到的时候，注意一下那些排队的人。这些人没有钱，脑子也不灵光。彩票是对穷人和数学不好的人征收的一种税。如果彩票真的是创造财富的工具，有钱有脑子的人早就争先恐后地买了。但事实上，彩票是政府设立的诈骗工具。我不是从道德角度说的，而是从数学和统计上来讲，这就是事实。从购买彩票留下的邮编地址表明，那些在彩票上花的钱是普通人四倍的人，一般住在城镇的低收入区域。彩票或者任何类型的博彩，只会给人们带来虚假的希望，而不是真正的出路。真正带给人希望的是金钱再生计划，因为这个计划的确管用。要记得，我这辈子破产过两次，可是从来没有贫穷过。因为贫穷是一种心态。

博彩代表着持虚假的希望与对现实的逃避。而积累财富靠的是活力、节约和勤奋。不能想着天上掉馅饼这种事。

> **谎言** 和租房相比，活动房或者房车可以让我拥有自己的房子，并且帮助我变有钱。
>
> **真相** 房车的价值下降非常快，使得你积累财富的机会比租房少得多。

房车的价值下降非常快。如果你现在贷款买一辆价值 2.5 万元的房车，房车的价值在 5 年后会降到 8000 美元，而你还会为此欠款 2.2 万美元。从理财的角度看，这等于是你损失了一辆新车。如果我建议你用 2.5 万美元投资一笔共同基金，这只基金在短短 5 年里就会下跌到 8000 美元，你肯定觉得我疯了。我曾经住过更糟的地方，却从没住过房车，因为我知道买房车不是投资的好地方。请不要欺骗自己。如果一种动物走路像鸭子，叫声像鸭子，那就是鸭子。哪怕你把房车称为"活动房屋"，把其停在永久地基上，对院子周围进行了很多改造，最后卖出去的时候，这仍然是一个房车而已。

我希望你可以拥有一个自己的房子，因为买房是非常好的投资。想要最快时间拥有自己的房子，最好的办法就是进行金钱再生计划，并且在这期间尽自己能承受的最大能力租赁最便宜的东西。购买房车并不是捷径，而是障碍。如果考虑买房的典型消费者走上前来，告诉你这就是一辆房车，那么你的房子只会贬值，不会像真正的房产那样升值。

> **谎言** 预付我的葬礼或者孩子的大学学费是投资的好渠道，可以保护自己免受通货膨胀带来的损失。
>
> **真相** 预付葬礼和大学费用的回报率很低，你只是把钱放进了别人口袋里。

　　唯一的例外则是罗恩的计划。罗恩毕业于财务和平大学，并且正在金钱再生的计划中。罗恩和妻子下定决心卖了自己非常好的 12 万美元的房子，虽然他们只剩下 5 万欠款了。然后他们买了一个小农场，并且花 3000 美元买了一辆老旧的房车。夫妻俩收入为 8.5 万美元，而且没有贷款，所以几年之内他们就攒下钱，盖了一座价值 25 万美元的漂亮房子。当时他们买这块地的时候用的是现金，所以讨价还价一番，这座房子只是估价 25 万美元。而且作为承包商，罗恩用很低的成本盖了这座房子，所以他们没花太久时间就付清了房子的钱。而那辆花 3000 美元买来的老旧房车，最后卖了 3200 美元。因为房车完全失去价值，所以最后的成交价只能靠价格谈判来决定。

　　当你对某个物品预付费用时，你的投资收益（利息）就是该物品在使用前会升值的金额。也就是说，预付可以让你避免价格上涨带来的损失，这就是你的回报。为商品的预付费用就好像是为该商品的升值空间投资。举个例子，预付大学的学费，可以节省从确认学校到孩子开始上大学这个时间段上涨的学费。全美学费每年的平均上涨幅度为 8%，所以预付的学费就相当于按照 8% 的年收益率来进行投资。这个利率还可以，但是投资时间较长的共同基金的平均年收益率可以达到 12%，而且大学教育储蓄是免税的。（之后会讲述更多关于金钱再生计划里，为大学教育储蓄的相关内容。）

　　预付葬礼费用同理。如果你曾经撕心裂肺地挑选骨灰盒和墓地，就肯定不希望所爱之人经历同样的痛苦。提前计划葬礼的各种细节是明智之举，可是预付葬礼费用却不是。萨拉妈妈的突然离世，让她悲痛不已。在失去亲人的痛苦中，她觉得在安排葬礼的过程中，做了一些不明智的消费。她发誓不会让家人再陷入同样的困境。于是，39 岁的萨拉为自己的葬礼预付了 3500 美元。再次重申，提前计划葬礼是明智之举，而预付葬礼费用则不是。为什么呢？如果她将这 3500 美元投资在一个平均收益 12% 的共同基金上，根据平均死亡年龄 78 岁来计算，萨拉去世时投资的共同基金能值 36.85 万美元！我觉得萨拉的家人用这笔钱操办一个体面的葬礼都绰绰有余了，除非她想像埃及法老图坦卡蒙那样风光大葬！

> **谎言** 我没时间做预算、退休计划或是购房计划。
> **真相** 你有时间的。

当今社会，大多数人都只顾着眼前的事情。只有当失去健康或者钱财之后，我们才会开始对此上心。史蒂芬·柯维博士在《高效率人士的七个习惯》中就讲到了这个问题。柯维博士说，高效率的人有一个习惯，在开始做一件事请的时候就已经想好了这件事情如何结束。没有目标的生活只会让你觉得失望受挫。柯维博士将事情分为四个象限。其中两个象限分别是重要 / 紧急，和重要 / 不紧急；另外两个是"不重要"，在这里我们就不讨论了。我们都专注于重要 / 紧急的事情，而紧急 / 不重要的事情，则是我们在金钱再生时要做的计划。如果没有按时交电费家里就会停电，不过没有做月度支出计划，似乎也没什么直接的损失。

约翰·马克斯韦尔对预算的解释是我听过的最好的说法。我非常希望这话是我说的："预算是一个人指挥钱的去向，而不是猜测钱的去向。"想要让你的金钱乖乖听话，那么一份管理金钱的计划就是你驯服金钱的最好工具。

励志传奇人物厄尔·南丁格尔曾经说过，大多数人在挑选一套衣服上花的时间，要比规划职业生涯或退休计划所花的时间还要多。要使你的生活完全依靠于你如何管理401(k)账户，或者是否现在就开始建立罗斯个人退休账户（Roth IRA）呢？事实就是如此，因为你的退休生活质量的确取决于，你是否现在就成为一名理财好手。

有的人直到去世之前都不会把房屋遗产计划当成紧急要务。你必须要为财富做长远打算，这里面也包括将身后之事纳入考虑范围。我们会在后面做更详尽的说明，不过要记住，每个人必须要有预算、退休计划和购房计划，记住，是每个人。

谎言 电视上宣传的债务管理公司，比如 AmeriDebt 公司，可以拯救我于水火之中。

真相 你也许能摆脱债务，但代价是你的信用必然受到破坏。

债务管理公司如雨后春笋般出现在全国各地。这些公司"管理"债务的方式是：每月从你这里扣除一笔贷款费用，和债权人一起研究出较低的还款额和利息方案，然后再分配给各个债权人。这不是进行债务合并的公司。有时人们会把这两种公司搞混，虽然两者不同，但是都不怎么样。之前我们已经讲过了债务合并的坏处。但是由于美国人非常需要金钱再生计划，所以债务管理业务是现在发展最快的行业之一。美国债务公司（AmeriDebt）和消费者信用咨询服务这类的公司的确可以帮助你获得更好的利率以及更低的还款额，不过这么做要付出代价。当你通过这种公司试图获得传统贷款、联邦住房管理局贷款（FHA）或者退伍军人贷款（VA）时，将被视为与申请破产同等待遇。

抵押贷款审核部门会认为你已经丧失了信用，所以不要这么做。

由他人管理你的债务还有一个问题，就是你的习惯不会因此改变。就好像减肥一样，你得通过改变自己的饮食习惯和锻炼，而不是指着别人替你减肥。处理金钱问题同理，你必须得改变自己的行为。把所有问题都交给别人解决，只会治标不治本。

我的公司在全美范围内提供金融咨询业务和咨询师培训业务。但我们不是保姆，不会替你理财，而是引导你强制性地执行金钱再生计划。每年我们都有上千名客户寻求债务管理公司的帮助。当这种公司的业务员发现，客户的个人情况不能用他们千篇一律的方法解决时，就会建议这个客户申请破产。然而我们与这种客户聊完之后发现，他们并没有破产，只是需要根治问题的解决办法。所以，请不要接受债务管理公司的破产建议，因为你很有可能没破产。

所有的债务管理公司中，消费者信用公司（Consumer Credit）做得最好。他们的工作很下功夫，有些分公司实际上是做理财教育的，而且他们最擅长对你的债务重新谈判。当然，使用它的服务就意味着你的信用会被损坏，所以还是不要这样做。但是如果你不听劝阻非得找债务管理公司帮忙，那爱用就用吧。这个行业里最可恶的剥削者已经倒闭了。AmeriDebt 是由安德里斯·帕克创立的。然而在成立这家公司之前，安德里斯·帕克已经承认了联邦政府指控他债务合并骗局的罪名。尽管如此，AmeriDebt 公司的年收入还是达到了 4000 万美元，其中每年用于促销、吸引消费者的费用高达 1500 万美元。他们如此明目张胆地误导消费者，美国联邦贸易委员会（FTC）最终介入并且勒令公司关闭。FTC 表示，这家公司通过隐藏费用和欺诈行为，从美国人口袋里骗走了 1.7 亿美元。这是有史以来此类案件中最恶劣的一起。

FTC 对 AmeriDebt 公司做出 1.7 亿美元的判罚，创下了该类案件有史以来最高的判罚纪录。现在这家公司已经破产。法院命令公司创始人安德里斯·帕克放弃 3500 万美元的个人资产用于对消费者进行清算。这行水很深，而且真的有鲨鱼。

> **谎言** 我可以花钱来清除我的信用记录，同时我之前所有的劣迹也会被清理干净。
>
> **真相** 你的信用报告里只有不准确的信息才会被清理掉，所以这是个骗局。

《联邦公平信用报告法》规范了消费者和债权人应如何与信用机构打交道。除非你根据《联邦破产法》第 7 章规定申请破产，不良信用记录就会保留 10 年，否则不良记录在 7 年后就会从你的信用报告中删除。你的信用报告就是金融信誉，除非内容有误，否则你不能从报告中删除任何内容。如果你发现报告中有某个信息不准确需要删除，你必须出具正式书面信函，指出错误所在，并且要求立即改正。除非撒谎，不然关于你的正确的不良信息仍然存在。为了贷款而说谎是欺诈行为，请不要这样做。

信用修复公司大都是骗子。美国联邦贸易委员会定期查抄和关闭这些诈骗公司。很多人给我的节目打过电话，说自己花了 300 美元想办法来"清除"自己的信用。有时信用修复公司的人会建议你去无理取闹，要求信贷局清除你所有的不良信用记录，哪怕这些信息是真实的。请不要这么做。

> **戴夫说**
>
> 我并不反对金钱享受。我反对的是在没有钱的情况下乱花钱。

最坏的主意是让你申请一个新的社保号。通过获得第二身份，你会获得一个全新的信用报告，贷方将永远不知道你过去的种种劣迹。这种行为是诈骗，如果你这么做，就会进监狱的。不要任由这种诈骗行为发生，你会直接进监狱。通过说谎而获得贷款，不是清理信用，是犯罪。

金钱再生计划可以帮助你清理信用。我会告诉你如何控制自己的生活，用现金购买东西，这样就不需要使用信用。随着时间的推移，你的不良信用会自动清理干净的。

> **谎言** 我的离婚判决书上写着，我的配偶要支付债务，而我不需要。
>
> **真相** 离婚判决书没有权力将你的名字从信用卡和抵押贷款上删除。如果你的配偶不还钱，那么你就准备好欠债还钱吧。

离婚常常发生，这的确让人很伤心。离婚意味着我们要跟配偶分割一切，包括债务。可是债务不是那么容易分开的。如果一笔债务上写了你的名字，你就有义务偿还。不还款你的信用就会受到影响。离婚法庭无权将你的名字从贷款协议中删除，离婚法官只有权利告知，你的配偶要支付欠款。要是你的配偶拒不付款，你可以告诉法官，但是你仍然有还款的义务。如果贷方没有收到还款，那么他会报告这笔贷款所有相关方的不良信用，包括你，而且有权利起诉所有欠款方，这里也包括你。

如果你的前夫留下了你们共同签字贷款的那辆卡车却不还款，你的信用会受损，卡车将会被收回，而你也将因为欠款被起诉。如果你放弃了房产的所有权并将其全部留给前妻，你会让自己陷入困境。产权转让书是放弃房子所有权最简单的方法。但是你的前妻不按时还款的话，你的信用会受损。如果她被取消赎回权，你也一样。哪怕她或他按时还房贷和车贷，你同样会发现想要再买一套房的时候会遇到很多困难，因为你的债务太多了。

如果你打算离婚，要先确保所有贷款重新融资时你的名字没有写在上面，或者强制出售。不要抱有"我不想他卖掉他的车"这种态度。如果你还有这种想法，说明你还爱着他，为什么要离婚呢？如果你真的决定结束这段婚姻，就结束得干净利落，虽然这会让你暂时很痛苦。我曾经咨询过很多人，他们都因为前配偶和离婚律师的糟糕建议而导致自己破产。所以离婚时卖掉房子或者重新融资吧，这就是我的建议。剩下的其他方法都风险极大，只会给你带来更多愤怒，甚至心脏病。

> **谎言** 这个催款人对我很有帮助，看来他真的很喜欢我。
>
> **真相** 催款人不是你的朋友。

有些催款人是和蔼可亲的，但这样的人少之又少。大多数时候，催款人所表现出来的"理解"或者想和你"成为朋友"，都是因为他们想让你还钱。他们的另一手段就是做尽下三滥的伎俩。当你和"新朋友"建立起"友谊"之后，你会发现对方会对你使用各种欺压手段。

金钱再生计划也会让你偿还债务。我希望你能付清欠款，但是催款人绝对不是你的朋友。其中信用卡催款人是最恶劣的，他们会说谎、欺骗甚至偷窃。只要信用卡催款人一张嘴，肯定就是在说谎。在你把钱交给催款人之前，必须要白纸黑字写下来你们之间做的任何交易、特殊计划或者结款。不然你会发现你们之间没有任何交易，因为他们说谎了。不要让收款人通过任何电子手段可以访问你的支票账户，也不要给他们寄过期支票。只要你给了他们这种权利，他们就会虐待你，而你什么都做不了，毕竟你欠着钱呢。明白了吗？

> **谎言** 申请破产就可以从头再来，这看起来很容易。
>
> **真相** 破产是一件令人心碎的事，可以改变你的人生，而且带来的伤害是终身的。

凯西打电话到我的节目里，说她准备申请破产。她负债累累，出轨的丈夫和他的外遇对象跑了。可是房子和所有贷款都在他名下，除了一笔 1.1 万美元的贷款。凯西才 20 岁，她那个自以为聪明的叔叔，一个加州的律师，建议她申请破产。凯西的确遭受了沉重的打击，非常绝望，但是她并没有破产。等她起诉离婚之后，所有的债务就都在她前夫名下了。破产的可能是她前夫，而不是凯西。

我不会建议你申请破产，也不会建议你离婚。是否有些时候，善良的人因为没有出路而申请破产呢？的确有，但是只要有机会，我都会劝你不要这么做。没有哪个经历过破产的人会说，破产其实没什么痛苦，之后你会兴高采烈地奔向未来，重新开始。不要被人愚弄。我经历过破产，并且与之抗争了几十年，这可不是你想要的境遇。

破产是可以改变人生的五大负面事件之一，其他包括离婚、严重疾病、残疾和失去至亲。我并不是说破产和失去至亲一样糟糕，但是破产确实可以改变人生，无论从心理还是信用报告上都留下深深的创伤。

如果你按照《联邦破产法》第 7 章申请完全破产，那么这条信息会在你的信用报告上保留 10 年。而按照第 13 章申请破产，则更像是一个还款计划，会在你的信用报告上保留 7 年。然而，破产的影响会伴随你终生。无论申请任何贷款或者工作，都会被问到是否曾经申请破产，而且永远都会如此。如果你为了申请一笔贷款，而隐瞒了很久以前申请过破产，那么严格来讲，你已经犯了诈骗罪。

金钱再生计划可以让你避免大部分可能的破产。这个计划会让你放弃很多东西，我知道这很痛苦，可是破产更痛苦。如果你深思熟虑地后退一步，脚踏实地，而不是被破产似乎能快刀斩乱麻的假象所诱惑，那么你会更快更容易地获得成功。我个人亲身经历过破产、丧失抵押品赎回权和诉讼带来的无尽痛苦，这并不是值得你用一生来承受的一段旅程。

我们从来就没有过成功的理财。这么说似乎有些轻描淡写，毕竟我们申请过三次破产！第一次申请破产时，我们觉得这是唯一的选择。我们用于购买车身修理厂的小型企业贷款实际年利率从 4% 上升到 22%，这让我们损失了所有的定金。不久之后我丈夫第一次心脏病发作，而且他的问题也接踵而至。没过多久，我们就失去了房子和车。我们不得不带着四个孩子、两只猫和一只狗搬到别的州去，没有工作，手里只有一辆摩托车、一辆 U 型房车，还有 800 美元。

当我们重新开始生活时，仍然感到沮丧和失败。你觉得我们应该从中吸取教训了吧？并没有。

我们不仅没有吸取教训，还在十年后又将这个过程重复了一遍。我丈夫摔伤之后失业了六个月，我们的收入从每周 4000 美元下降到 400 美元。我们的信用卡债务堆积如山，最后只能第二次申请破产。同样的，我们再一次失去了房子和大部分财产。

尽管第一次破产时仿佛世界末日,但第二次破产并没有让我们特别沮丧。我们觉得没什么大不了,毕竟之前也走过这条路。正因为这样,我们再一次从头开始时,还是做了错误的选择。

在接下来的七年里,我们做了一笔新的生意,却做了很多错误决定,还因此关闭了一家公司。然后我们第三次申请破产。提交完申请之后,我们感到特别羞愧,完全没脸告诉其他人这个消息。我们瞒着家人和朋友,不想让他们知道我们这个可怕而肮脏的秘密。更糟糕的是,所有种种压力和羞耻,让我丈夫第二次心脏病发作。

破产的过程极其可怕。在候审室等待的时候,没人会直视对方的眼睛,好像每个人都有瘟疫似的,害怕和其他人交谈。让我们觉得自己像个骗子。我们想自己到底怎么了?为什么总是犯同样的错误?

我们的儿子因为精神疾病不得不回家休养,我们便成了他的全职陪护。我丈夫在第三次心脏病发作后就退休了,全家就靠着一份收入来照顾儿子,家里的钱非常紧张。就在我们想要申请第四次破产时,我的女儿给我们介绍了戴夫·拉姆齐,拯救我们濒临破产的困境。

现在,我们正在进行金钱再生计划,希望可以改变混乱的财政状况。想要纠正一辈子关于金钱的错误决定和行为是很困难的。即便这样,我们仍然踏出了第四次重新开始生活的第一步,而且仍然有能力偿还2.6万美元的债务!我们终于看到了未来的希望,而且也有动力去帮助别人,这样他们就不会重蹈覆辙。

苏珊·希克曼(52 岁,催收经理)

拉里·希克曼(67 岁,已退休保险经纪人)

谎言	我不能使用现金，因为有被抢劫的危险。
真相	如果不使用现金，你每天都处在被抢的状态。

戴夫说

分解信封系统

当你没有一个明确的界限时，就很容易超支。预算可以告诉你每一类支出的界限在哪里，可是当你将油费、买菜的钱和娱乐消遣的钱混成一团放在银行账户里时，在你完全没有意识到的情况下，其中某一类就会花超支。这也是为什么对于某些支出种类，我建议你使用信封系统的原因。

举个例子，比如这个月用于食物的预算为 600 美元。发工资之后，你需要从银行账户里取出 600 美元现金，对，一定要现金，然后将这笔钱装在一个信封里，并且在信封上写下"食物"两个字。当你去超市购物时，带着这个信封并且用现金支付。这笔钱只能用在食物上，不能用于其他方面的支出；而购买食物时，也只能用这个信封里的钱。这笔钱花完就没有了！这就是我说的明确的界限！

信封系统比较适用于食物、娱乐消遣、衣物、汽油等支出类别。如果是每月的邮寄支付账单，或者自动从账户里扣除的账单，则不需要使用信封系统。

事实就是，刷卡消费和花现金，在你的大脑里留下的记录是不同的。当你真的把两张大钞放在柜台上结账时，你很清楚地知道自己在花钱！这就是为什么信封系统可以帮助你改变消费习惯。

现金即王道！

我们教导人们要随身携带现金。我知道这个建议可能听起来很奇怪，毕竟美国文化中，用现金付款会让售货员觉得你是个毒品贩子。但是现金的力量真的很强大。现金支付可以让你减少消费，而且在售货员面前挥舞着一张钞票，很可能还会得到折扣。琳达给我的报纸专栏发来邮件，抱怨说如果身上带现金，她会被抢劫的。我跟她解释，坏人的眼睛没有 X 光，看不到你钱包里有现金。而且坏人会认为你和其他人一样，钱包里装满了被刷爆的信用卡。要说明一点，我不是在轻视犯罪行为，无论是否携带现金，任何人事实上都有被抢劫的风险。如果不幸发生在你身上，你的现金的确会被抢走。不过请相信我，比起身上现金被抢劫的危险，你更需要担心不用现金而使用信用卡所带来的坏处。携带现金并不会增加你被抢劫的风险，可是信用卡的管理不善，相当于你每个月都被打劫。

我们在前面已经粉碎了信用卡的谎言，并且证明了当你使用现金时，你的支出会更少。当你把前文中提到的各种策略综合起来看时，你会发现支出结构在金钱再生计划里是必须严加控制的一个部分。现金可以让你对自己说不。当存放食物支出现金的信封越来越瘪时，你就知道自己不能再叫外卖披萨了，还是吃剩饭比较好。

谎言 我买不起保险。

真相 有些保险是你不可或缺的。

有一天我去吃午饭，在公司的前台遇到了史蒂夫和桑迪。他们特意过来对我表示感谢。为什么？这对20岁的年轻夫妇是我节目的听众，因为我一直在节目里敦促大家去购买一些适当类型的险种，他们就照做了。今年，他们购买了定期人寿保险和医疗健康储蓄险。"幸亏我们听了你的建议买了保险。"史蒂夫说着摘下了帽子，露出光头，头顶有一条巨大的伤疤。"天哪！到底发生什么事了？"我问道。原来，史蒂夫得了脑癌，而且不适合做手术。桑迪笑着说："医疗保险已经替我们支付了10万多美元的医疗账单。如果没按照你的建议去做，我们就完了。"而且，史蒂夫现在的状况不允许参保了，所以他很庆幸自己有定期人寿保险。在接下来的几年里，史蒂夫一直与癌症作斗争，而我和他们也成为了好朋友。我的一个朋友听说了这对夫妻的故事，特意带着他俩去加勒比海游轮玩了 7 天。2005 年，史蒂夫终究没有打败病魔，我们在他儿子出生那天将他下葬。如果他的故事能够激励你去购买正确的保险，我想他会感到自豪。史蒂夫是一个好丈夫，一个好父亲。他为家人负责，购买了可以覆盖从生到死的险种。这是我们每个人都要做的。

两年前，我和我的妻子也只是一个普通家庭，却犯了大多数"正常"家庭都会犯的典型财务错误。我们相信了别人一直告诉我们的关于金钱的谎言。然而一旦错误积累到一定程度，我们就开始受到轮番伤害。直到我们偶然收听到了戴夫的节目和他的金钱再生计划，才停止了自己的愚蠢行为。

几年前，我们对理财一头雾水。有一段时间，我们结了婚但是还没有孩子，一年的收入超过 8 万多美元，可还是没钱买洗衣机。我们做了太多"先买后付款"的事情。当时"90 天免息贷款和现金一样"在我们看来是非常好的办法。大错特错！最后我们付的钱，远远超过了商品本身的价钱。我们现在无论买什么，都秉承着"现在买现在付款"的原则，然后花了 1800 美元买了价值 2000 美元的家具。

我们犯的另外一个大错就是人寿保险计划。人们警告我们，在 30 岁之前必须购买终身寿险，"不然的话……"。他们还滔滔不绝地讲着这种保险的现金价值节省特点有多么的惊人。大错特错！我们完全忽略了保价过高、保险费用过高以及建立现金价值所需的时间。现在我们对保险有更多地了解之后，计划存钱、投资，并且自我投保。

2006 年，我们还在为十多年前的助学贷款支付最低还款。我们轻信了所有"正常人"告诉我们："助学贷款很好，每个人都应该使用"。大错特错！我们当初就应该把助学贷款市场协会（Sallie Mae）一脚踹到路边不理会。不然现在我们就不需要每个月还给他们写支票，还可以提前存出孩子上大学的钱。

通过财务和平大学家庭学习工具包和 15 个月的牺牲，我们已经还清了 2.7 万美元的债务，还存下了一笔应急基金，抛弃了终身寿险而购买了定期寿险，立了遗嘱，还为了庆祝"自由"，存钱去海边度假了两周！经过不懈的努力，我们终于过得与众不同了！

特拉维斯·斯金纳（33 岁，AutoCAD 土地测量绘图员）
玛丽·斯金纳（35 岁，注册护士）

直到真正用到保险之前，我们都讨厌它。我们不停地缴纳保费，有时候感觉保险让人越变越穷。全世界现有的险种里都有很多小花招。我们在财务和平大学和其他书里，很细致地讲了保险的相关内容。但是在你的金钱再生计划里，必须要有一些基本类型的险种：

- 汽车和房屋保险——选择较高赔额的险种，以此来节省保费。购买高责任限额保险是非常明智的选择。
- 人寿保险——购买一份相当于你收入 10 倍的 20 年定期保险。定期人寿保险很便宜，也是唯一选择。永远不要把人寿保险当作一种储蓄的方式。

- 长期伤残保险——如果你现在 32 岁，那么你在 65 岁之前成为残疾的可能性是死亡的 12 倍。购买伤残保险最好通过现有的工作单位来购买，这样只需要花一小笔钱。通常情况下，你可以得到相当于收入 50%-70% 的保额。

- 医疗保险——如今，破产的首要原因是医疗账单，其次是信用卡。有一种控制成本的方法，就是购买免赔额较高的保险来降低保费。建立健康储蓄账户（HSA）是节省保费的一种好方法。它的免赔额很高，保费相当低，你还可以将节省下来的医疗费用存入一个免税的储蓄账户中。

- 长期护理险——如果你已经年过六旬，可以通过购买长期护理险来支付家庭护理或者养老院护理费用。养老院平均每年要收取你 4 万美元，这足以让你的积蓄瞬间蒸发殆尽。在养老院的父亲，可能在短短几年内就耗尽母亲操劳一辈子攒下来的 25 万美元的存款。你需要让你的父母明白这个道理。

当我第一次在"奥普拉·温弗瑞脱口秀"听到戴夫的事迹时，印象特别深刻。我知道他向个人责任和财务责任发起的挑战，正是我和肯所需要的。我们已经积累了 20 年的财务问题，而且相当严重。

这一切始于我和肯结婚的那一年。那年他 31 岁，我 22 岁，我们都对未来的生活兴奋不已。可是当肯患了严重的中风并且留下四肢瘫痪的后遗症时，一切都变了。无论从哪个方面来讲，我们都不知道应该怎么做。因为我们本身也没有多少钱，所以一切都开始用信用卡支付。谢天谢地，肯的医药费可以报销。不然我们完全没能力支付这些医疗账单。

多年来，我们债台高筑，只能艰难度日。虽然如此，上帝依旧祝福了我们，并引领我们渡过难关。

然后，我们认识了戴夫。我和肯都读了这本书，并且立马开始实践。我们开始做预算，肯对于帮助我处理财务表现出极大的兴趣，并且开始网上支付账单。当我第一次不用为支付账单发愁，我真的坐下来大哭了一场，因为我不需要再担心这件事了。肯非常高兴，他知道自己的积极举动帮我减轻了负担。我们发现，在一起做预算和计划未来是非常有趣和愉快的，就好像回到了当初约会的美好日子！肯是我见过的最了不起的人，这些年来他一直是我的支柱。我也感到非常幸运，可以和他一起踏上这段旅程。

谢尔丽·罗德（44 岁，玫琳凯独立销售经理）

肯·罗德（52 岁，导演）

> **谎言** 要是我立了遗嘱，就可能会死。
>
> **真相** 人终有一死，还是立了遗嘱再死比较好。

遗产规划师告诉我们，70% 的美国人没有立遗嘱就去世了。这简直愚蠢至极。这个以财政实力闻名全球的国家，将决定如何处置你的所有物、你的孩子，以及你的财产。俗话说："善人给子孙遗留产业"（《箴言录》第 13 章第 22 节）。我是个实用主义者，所以完全不理解立遗嘱会有什么烦恼。遗嘱是你留给亲人的礼物，因为这会使财产的管理更加清晰，也更加容易。

人终有一死，所以不如潇洒一点，走之前留下遗嘱。

戴夫说
终身寿险是个糟糕的产品。为何你需要为你自己的存款付利息。那是退步，一点儿也不聪明。

我们已经揭示了债务和金钱的骗局。如果你仔细阅读并理解了我说的内容，那么我有个好消息要告诉你——你的金钱再生计划已经启动了！这个计划就是重塑你对金钱的看法，这样你就可以永远地改变对待金钱的方式。你要调整自己生活的节奏，要和有钱人的节奏保持一致。如果你的节奏听起来很常见或者"正常"，请你立即停止。因为我们的目标不是和别人一样的"正常"。我的听众们都知道，"正常"就代表着破产。

05 | 理财的障碍：无知和攀比

　　否认（认为自己没有任何问题）、负债骗局（认为债务是发家致富的方法）和金钱骗局（由社会文化产生的）是阻碍你长期保持正确健康理财观念和行为的三大主要障碍。在我们开始金钱再生计划之前，还必须了解一下另外两个阻碍你发家致富的敌人。

　　如果你无法抵抗本杰利冰淇淋的诱惑，你最好在调整饮食和开始健身计划之前就告诉你的健身教练。首先，你必须承认嗜好冰淇淋这个事实，并且认识到"冰淇淋是一种减肥食品"这句话是谎言。最关键的是，我们必须找出阻碍成功的敌人或者障碍。当你制定了一个行动计划，却不承认阻碍该计划顺利实施的障碍，这种做法很不成熟，也不现实。我们这些被生活击败的人都懂得，必须找到问题所在，并且制定针对性的方法来克服或者绕过这些障碍。如果你可以把阻碍金钱再生计划的问题都找出来，那么这个计划就会奏效。想要减肥的第一步，是找出减肥误区，比如暴饮暴食、错误饮食或者不锻炼这些阻碍减肥成功的问题。金钱再生计划同理。正如伟大的哲学家波戈多年前在《星期天脱口秀》中说的："我们已经遇到了敌人，那就是我们自己。"

障碍 1：无知——没有人生来就是理财天才

第一个障碍是无知。在这个崇拜知识的社会里，在金钱问题上的无知是一些人故步自封的原因之一。不要对此心怀戒备。无知不是缺乏智商，只是缺乏相关的专业知识。我见过很多朋友的、亲戚的、教友家的新生儿，没有见过哪个婴儿刚生下来就想着发财。没有哪个朋友或者亲戚，会围在育婴室外的玻璃窗前大声惊叫："快看啊！她是个天生的理财能手！"

没人生来就会开车，驾驶技巧都是后天习得的（当然很多人似乎并没有学过）。没人生来就会阅读和写作，也都是后天学会的。这些都不是天生得来的技巧，必须有人教我们才会。同理，没人生来就会理财，但是却没人教我们怎么做！

有一天在咖啡厅里，我公司的一位高层人士说："我们应该在大学里开设金钱再生课程。"她还在一所规模不大的教会学院上学时，进修过一门关于如何找工作和面试的课。她说这门课程本身不难，但是因为具有实际意义而成为她在大学阶段学到的最宝贵的课程之一。我们在学校习得的知识可以帮助我们赚钱，可是赚了钱之后却不知道怎么管理这些钱财。根据美国人口普查局 (Census Bureau) 的统计数据，2008 年美国家庭平均收入为 50233 美元。即便永不升职加薪，在整个职业生涯中也能赚到超过 200 万美元的总收入！可是在绝大多是高中和大学里，没有任何一门课程教我们如何管理这些钱。我们毕业后走上社会，依然对理财一无所知。

我们将自己的财务状况搞得一团糟，是因为笨吗？不是。如果一个人从没开过车、从没见过车，甚至都不知道"车"字怎么写，你让他去开车，肯定刚起步车就被撞烂了。如果非要他倒车或者踩油门加速，那么就会导致另一场车祸的发生。"努力尝试"不是解决这个问题的答案，因为下一次事故就不仅仅是把车撞坏，还会伤害到其他人。这种做法简直可笑！

美国人一辈子平均可以赚到 200 万美元，然而我们从高中、大学甚至研究生毕业后，都不会写"理财"这两个字。这个规划糟糕透了！我们没学到任何关于个人理财方面的知识就毕业了，回到生活中又不得不重新开始。这就是我们要在全美高中开设"个人理财基础"这门课的原因。不过遗憾的是，除非你现在还在上高中，不然这门课也不会帮到你。

如果你的财务状况一团糟，没有充分利用金钱，通常是因为你从来没学过相关知识。无知并不意味着愚笨，而是意味着你必须学习。我觉得自己还算聪明，写过好几本畅销书，在广播和电视节目向几百万观众讲课，还经营一家价值上百万美元的公司。可如果你非得让我给你修车，那我绝对会搞砸。因为我不会修车，我对这方面一无所知。

克服无知很容易。首先，承认自己不是什么理财专家，这并不羞耻，因为你从没学过。其次，完整阅读本书。最后，用你一生的时间去学习金融知识。你不需要去申请哈佛大学的 MBA 学位，也不需要为了看财经频道而放弃一部精彩的电影。你需要做的是每年参加一次关于理财的培训，偶尔参加一次理财研讨会。你需要不断地学习，用你的实际行动证明你对金钱的关注。

我和莎伦的婚姻很和谐，不完美，却很和谐。为什么？我们会看关于婚姻的书，周末去恩爱夫妻训练营，每周都有约会，有时还会参加关于婚姻的周末课程，甚至偶尔还会和一个担任教友婚姻顾问的朋友聚会。我们做的所有事情是因为婚姻出了问题吗？当然不是，我们的所作所为都是为了婚姻更加美满。我们拥有美好的婚姻，是因为我们用心经营它，把婚姻放在首位，共同努力学习婚姻中的点点滴滴。美满的婚姻不会凭空出现，财富也不是一天积累出来的。你需要花费时间和精力来摆脱无知。再次重申，你不需要成为一个理财高手，你需要做的只是在401(k)账户和预算上多花些时间，而不是把这些时间浪费在挑选今年的度假地点上。

我们的生活就像戴夫说的那样，好像"静静的傻子派尔 ①"，完全不知道把钱花在哪里了。我和我的妻子对于管理收入总是有分歧。和所有"正常"夫妻一样，我们认为必须要用信用卡才能建立信用，每天过着借钱的生活才是最聪明的做法。真是个弥天大谎！

有一天，我妻子无意当中听到了戴夫·拉姆齐的节目。听了一会儿之后，她就开始跟我滔滔不绝地讲着戴夫说的各种原则，我们完全被吸引了！

我们金钱再生计划的第一步，就是要统一预算，这果然让我们的钱井井有条。不过，我们也希望过上没有债务的生活，希望我们可以成功。

第二步，我们要努力工作，建立应急基金计划，利用债务雪球方法来还清欠款。

---

① 20世纪60年代的美国电视剧中的一个人气角色。该角色以头脑简单著称。

第三步，对我们来说也是最难的一步，就是拥有充足的应急基金。在债务还清之后，我们不得不克制冲动，忍着不花光所有钱。幸亏有应急基金，因为我后来失业了。没有债务并且有应急基金，让我能够从容地找到现在的工作。

全家人的生活变好了，我们知道了花钱的目的，我们的孩子也在学着如何理智地消费、储蓄和捐赠。这个计划帮助我们重获财务安全感，并且让我们找到了生活的平静。

瓦尔特·弗里克（47 岁，销售代表）

史蒂芬妮·弗里克（45 岁，幼师助理）

无知并不可取，认为"无知不会受到伤害"是愚蠢的。无知会害死了你。你对理财知识的无知会让你破产，并且一直穷困潦倒下去。所以我建议你认真阅读本书，以及其他相关书籍。你也可以浏览我的网站 daveramsey.com，看看上面推荐的其他作者的书。他们的核心思想与我倡导的基本一致。

障碍 2：攀比——攀比的对象数学也不好

本章要讲到的第二个障碍，就是互相攀比。同辈造成的压力、文化背景、"合理的生活水准"——无论你怎么形容，我们都需要被自己的圈子和家人所认同。

这种被认可和尊重的渴望，经常驱使我们做出一些疯狂的事情来。其中，我们做的一件荒谬且愚蠢的事情，就是购买负担不起的垃圾，希望以此让自己在别人面前显得有钱，结果把自己的财务状况搞得乱七八糟。汤姆·斯坦利博士在 20 世纪 90 年代写了一本非常有意思的书，叫作《邻家的百万富翁》，我建议大家都读一读。这本书是对美国百万富翁的研究。记住，如果你想减肥增肌，就要知道穿衣显瘦、脱衣有肌肉的人有什么生活习惯。如果你想致富，就要了解有钱人的习惯和价值观。斯坦利通过研究发现，有钱人的习惯和价值观，并不是像大多数人想象的那样。当我们提到百万富翁时，想到的都是豪宅、新车和漂亮衣服。而斯坦利发现，大多数有钱人并没有这些东西。典型的百万富翁生活在中产阶级家庭中，开两年以上车龄的全款购买的汽车，在沃尔玛买牛仔裤。简而言之，斯坦利发现，与朋友家人的看法相比，典型的有钱人更愿意去实现财务安全的目标，而不是谋求家人和朋友的认同。他们根本不需要借助物质来赢得他人的认可和尊重。

　　将斯坦利的发现跟肯和芭比的人生计划进行对比，我们就会发现肯和芭比迷失了人生方向。每隔一段时间就会有这样的人来我们的办公室寻求财务咨询。去年来的是鲍勃和他的妻子萨拉。鲍勃和萨拉在过去的 7 年里，每年的收入都是 9.3 万美元。他们用这些钱做了什么呢？一套价值 40 万美元的房子，房贷还有 39 万美元没有还，包括一笔用于装修的住房权益贷款。一笔 3 万美元的汽车租赁贷款，还有 5.2 万美元信用卡欠款。尽管这样，他们还是四处旅行游玩，穿的也很时尚。他们还欠着 10 年前借的一笔 2.5 万美元的助学贷款，因为他们没钱还。值得表扬的是，他们有 2000 美元存款和 401（k）账户里的 1.8 万美元。这些人净资产为负，但他们看上去活得很光鲜。鲍勃的妈妈特别佩服他们，萨拉的哥哥也经常来要钱，因为他们"显然过得很好"。他们完美地展现了变成噩梦的美国梦。在精致的发型和法式美甲背后，是深深的绝望，一种无可救药的徒劳感，一个分崩离析的婚姻，以及对自己的厌恶。

这也是为什么我将财务健康比作减肥。如果你的身体状况与鲍勃和萨拉的财产状况一样的话，每个人都会认为 500 磅的体重实在太胖了。你的问题会完完全全展现在家人、朋友、陌生人甚至你自己面前。鲍勃和萨拉的不同之处在于，他们有一个"不为人知的小秘密"。这个秘密就是，他们并没有看起来那么好。他们身无分文孤注一掷，却无人知晓。不仅没人知道，所有人还认为他们的生活真的风光无限。所以当我的理财顾问建议扭转破产的局面时，他们产生了强烈的抵触情绪。可事实就是，鲍勃和萨拉破产了，他们必须还掉汽车，还要卖掉房子。

有抵触抗拒是正常的。首先，我们肯定都喜欢豪宅豪车，而将其卖掉肯定非常痛苦。其次，我们不想向所有人承认，我们是骗子。当你没钱却买了一大堆东西积累大量债务时，没错，你就是个金融骗子。来自同一阶层其他人的压力也是非常大的。对家人和朋友坦承"我们的财务每况愈下"，绝对是一件令人痛苦的事。"我们不得不放弃那次旅行或者晚餐，因为不在预算之内"这种话，有些人永远都说不出口。面对真实情况是需要巨大勇气。我们喜欢被认可，被尊重，反之就是对我们的否定。希望得到别人赞赏很正常，可问题是这种赞赏会变成上瘾的毒品。大多数人都会上瘾，而这种瘾对于你积累财富和健康财务状况的破坏巨大。

想要在财务的问题上有所突破，你必须做出彻底的转变，包括不再为了获得他人的认同而超前消费。萨拉的突破口在于她的家庭。她来自中产家庭，家里所有成员在每一年的圣诞节都要互送圣诞礼物。她要给 20 个侄子侄女，还有 12 个成年人买礼物，单是这方面的预算就相当惊人了。于是萨拉在感恩节那天宣布，今年的圣诞节礼物要用抽签的方式决定，因为她和鲍勃负担不起了。这个消息可是个重磅炸弹。有些人笑笑觉得无所谓。可是在萨拉家，送礼是件大事啊！送礼物是家族的传统！她妈妈和两个嫂子对此都火冒三丈。在这个感恩节里，他们几乎没有收到任何人的"感恩"，但是萨拉却学会了说不。

　　萨拉有社会学硕士学位，所以很有主见。她明白家人会因为这个事情非常不满，她也明白可能会失去家人的认可、赞赏和尊重。后来萨拉说，虽然她从理智上明白自己说的那番话意味着什么，从情感和经济上来讲这是正确的做法，可是真正实施起来却非常艰难。来自家族传统的压力大到让她在做决定的前一晚上彻夜难眠。她告诉我："我躺在黑暗中，感到非常害怕，就好像一个无助的 12 岁小姑娘，渴望得到父亲的安慰。"这在别人眼中可能是件小事，但对萨拉来说，有勇气去当众宣布自己的决定绝对是一个巨大的突破。那个感恩节，萨拉的内心真正开始了金钱再生计划，她再也不会再为别人的压力感到困扰了。

我们的金钱再生计划始于 2008 年 3 月。我们在度假时买了这本书。在回家路上，我将序言念给我丈夫听，他听完叫我继续读下去。四个小时后，当我们把家庭厢式旅行车停在自家停车道上时，我的嗓子都读哑了，可我们还是在继续看书！我们完全被书里的内容迷住了，我觉得我们的世界都被这本书点亮了！

　　当晚，我们找出来所有账单，将所有欠款都一一列出来。接着我们制定了预算计划。虽然花了几个小时，但这之后我们已经准备好开始偿还债务了！我们制定了一个目标，那就是在我们 15 年结婚纪念日和达林的 40 岁生日之前，也就是还不到一年的时间里，还清所有债务。这在当时看来简直是不可能完成的任务！

我们从来没有零债务的时候，车贷和信用卡欠款一直存在。我们总是避免谈到钱，因为最后肯定以争吵或者某人感情受到伤害为结局。我们只是假装不存在任何财务问题。

但是这个新计划让我们为之疯狂，决定不再过以前那种生活。每还清一张信用卡，我就把卡剪掉。更重要的是，我们对钱的看法一致了，这是以前想都不敢想的事情！

在 10 个月里，我们还清了 5.8 万美元的债务，还存了 1.8 万美元的应急基金！现在，我们在教三个儿子如何省钱，并且做出理智的决定。他们了解了信用卡的危险，还学会了对于想要的东西如何比价。

现在，我们对未来的财务状况既兴奋，又充满信心。我们简直无法用语言来形容卸下重担时的那种轻松！我们真的有自己的金钱再生计划了！

达林·施米德（40 岁，会计）

克里斯汀·施米德（39 岁，全职妈妈）

每个人都像萨拉一样有自己的弱点。可能是即将倒闭的传承到第三代的家族企业，可能是买衣服成瘾，可能是你的车，或者你的船。可能你的问题也无形中传给了孩子。除非你在生活中某个时间进行了一次彻底的金钱再生计划，否则你仍然用钱来取悦别人。在你制定一个真正的健康财务计划之前，必须改变这个观念。圣经曰："其实敬虔而又知足，就是得大利的途径。"（《提摩太前书》第 6 章第 6 节）。

我们这些进行过金钱再生的人仍然知道自己的致命弱点在哪里，如果任其生长，仍然是致命的伤口。是什么令你为别人的羡慕而露出发自内心的微笑？你是否要放弃它，才能打破内心的不安吗？除非你认识到这个弱点，否则你会永远栽在这个问题上。

我的弱点是车。我 26 岁时白手起家，第一次成为了百万富翁。那时，我一眼就看中了一辆捷豹。我"需要"一辆捷豹，需要人们对我的成功赞不绝口，需要家人对我获得成功的能力表示赞许。我极度渴望被尊重。当时的我太肤浅了，竟然相信是这辆捷豹给了我这一切。上帝用这辆车教训了我，让我明白该如何在来自他人的压力下坚定决心执行金钱再生计划。

全面破产还开捷豹！

当我破产失去一切时，我在不同的银行进行再融资，希望可以保留下那辆捷豹豪车。我甚至还找了一个好朋友共同签署贷款，只为能留下这辆代表我脸面的车。可是我没钱保养豪车，车况与日俱下。虽然车开起来经常状况百出，可是我依然爱不释手，并且坚持开着这辆车。在我们破产的那一年里，我们穷得交不起电费，被断电了两天。我常常在想，当电力公司的工作人员站在我那辆捷豹豪车旁边拉下电闸的那一刻，他会作何感想？肯定觉得这家人疯了。慢慢地，豪车出现的问题越来越多。油底壳的密封破裂了，导致发动机后面漏油，滴在了消声器上滋滋冒烟。无论我开车走到哪里，身后都跟着蔓延几公里的黑烟。修理费要花 1700 美元，可是我已经好几个月都没见过 1700 美元长什么样了。所以没办法，我就继续开着这辆冒着黑烟的"詹姆斯·邦德"式豪车。最后，我朋友实在厌倦了支付这笔共同签署的贷款，他温和地建议我卖了这辆汽车。我都快气疯了！他怎么敢说让我卖了我的宝贝汽车的话！于是他不再还款，而银行则给我不那么温和的建议，要么卖车，要么他们将豪车收回。我曾试图拖延，直到那个周四的早晨才幡然醒悟，把车卖了，因为银行向我保证，如果周五之前不卖车，他们就将捷豹收回。我从混乱的状态走出来，还清了银行贷款，还把钱还给了我朋友。可是整个过程让我觉得特别丢脸。因为我固执地认为豪车代表了我的生活，从而造成了很多本可以避免的损失。

克服弱点时有一点很有意思，当我清晨醒来时对自己感到厌恶，意识到自己有多愚蠢，于是发誓要戒掉汽车和他人崇拜的目光这种让人上瘾的东西。我开始了节制的生活，这意味着我不关心开什么车，也不在乎车的外观长什么样，只要我们能够获得金钱再生的胜利就好。15 年以后，我们再次变得富有，我也决定换一辆车。我的目标是找一辆可以现金付款，或者能够有折扣的，车龄为一到两年的二手车，但是什么牌子无所谓。开始我想买梅赛德斯奔驰或者雷克萨斯，不过我还是想买更便宜一点的。这时，一位做汽车销售的朋友给我打电话，向我推荐了一辆有折扣价的捷豹。过了这么多年，当泪水不再是我寻求认可的动力时，上帝让捷豹重新回到了我的生活中。只有当我不再崇拜欲望时，上帝才会将欲望吞噬的东西还给我。据说上帝不喜欢我们崇拜生活中其他的神明。

回望过去的生活，我们就是你们口中典型的美国家庭：收入很好，有很多漂亮的"玩具"，却负债累累。我们总是告诉自己，我们值得拥有新车，我们需要自己的房子，这

样就可以不用付房租了。有一天我同事提到了戴夫·拉姆齐，这让我很感兴趣，于是买了他的这本书。看完之后我们受到鼓舞，因为我们看到了很多人收入比我们少，却没有债务。我们也想要零债务的生活。

首要任务是制定预算。但是这之前，我们先要克服一种心态，那就是"需要"购买那些让我们感到快乐的东西。我们可以不用放弃太多就能够还清债务。于是我们重新定位了目前拥有的东西。

这个变化是惊人的。我妻子不再为购买急需的衣物而感到内疚，而月底付账单时我也轻松了许多，因为我知道支票账户上还有钱。这一切都值了。

现在我们可以心平气和地坐下来讨论家庭的财务状况，而不是像以前那样争吵。我们已经存够了退休的钱，如果其中一个人发生了什么事，另外一个人也可以过得很好，不会背上债务的沉重包袱。

我和我的妻子自 2004 年 1 月份完全摆脱了零债务，生活从没有如此轻松过。

布莱恩·麦金利（36 岁，医护人员管理机构采购人员）
塔米·麦金利（33 岁，农业经济学家）

或许有一天，萨拉和鲍勃可以用现金支付萨拉全家人在游轮上过圣诞节的开销。通过执行金钱再生计划之后，鲍勃和萨拉可以在不影响财务状况的前提下，用现金支付这类的大型活动。或许未来的某一天，为了纪念那个改变命运的感恩节，那个萨拉从内心认为需要金钱再生并希望得到家人支持的感恩节，萨拉和鲍勃甚至可以买下这艘游轮。这个改变让他们认识到，如果他们坚持与众不同的生活方式，未来的生活才能过得不同凡响。

越过障碍，爬上高山

当我减掉脂肪，肌肉变结实，身材变好之后，我学到了一件事：体力上的付出更容易。像爬山或者越过障碍训练现在都可以做到，而像我当初体重超重、身材走形时，这些都是遥不可及的。金钱再生计划同理。你现在是否意识到，开始金钱再生计划就像是越过障碍的训练呢？我们击败了"否认现实"的心态，艰难地跨过了债务骗局的陷阱，并且小心翼翼地攀上了金钱骗局的高墙。我们解决掉了无知，并且学会了避免无谓的竞争。我们不再与人攀比，因为向我们炫耀的人已经破产。然而越过障碍并不是这个旅程的全部内容。

现在，我们站在山脚下，山顶的景色清晰可见。我们的身体强壮了，视野更开阔。我们已经做好了攀登的准备。虽然目标很遥远，但是可以清晰看到。我们要走的是一条清晰明确的到达山顶的路。这条路并非未经开拓的荒蛮地带，而是一条已经有前人踏过无数次的路。这条路道路很窄，大多数人都不会坚持走到底，只有成功者这样做了。成千上万的人顺着这条道路越过障碍，登上了顶峰。

在开始爬山之前，我们先回顾一下。攀登的过程是很难的，但你几乎不会再被任何障碍困扰。除非你仍然抱着之前提过的骗局、否定现实或者任何一个障碍不放。在爬山的时候，你会觉得背包里好像装了千斤重的砖头一样。稍微有点的"否认现实"可能不致命，可是再加上一丁点的"我还是认为信用卡很好"，或者偶尔"屈服于他人压力"之后，你的背包会超负荷，而你也会攀登失败。我们大多数人第一次爬山时，都会带着名为"无知"的帽子。虽然这会减缓爬山的速度，可是当无知里还混着一些"谦逊"时，就不会让你从山顶上掉下来。这座山你可以爬，不过你要是还深陷障碍之中，那就爬不上去。如果你还在坚持着骗局、无知、渴望被认可或者否认现实的话，那么你登山的过程会异常艰难，甚至还会带来伤害。

在攀登前，你还要决定要不要遵守登山原则。经验丰富的向导已经独立完成过登顶，然后再带领着无数人沿着这条路登上顶峰。如果你不愿听从他们的建议，那么你就得自己承担巨大的风险。哪怕你不同意我的观点，也请读完这本书。但是如果你在听从建议的同时，依旧抱着骗局、无知、被认可或者否认的话，你的攀登会异常艰难，而且还会受伤。

要是选择不爬山呢？那剩下唯一的路，就是跟随那些破产的普通人。那不是一条小路，而是一条已经很平坦的州际公路。大多数人在路上兜兜转转，偶尔迷茫地瞟一眼他们要攀登的山峰。当他们看到通往山脚的路有多么艰难时，这些人在开始之前就已经放弃了。

及时实现目标和预算有 12 个步骤（一套指导原则，概述了从成瘾、强迫或其他行为问题中恢复的行动过程。），计划的执行者们讲的很对。他们指出："用同样的方法做同样的事情，却期待出现不一样的结果，就是疯狂。"你的所有错误认识和做法，让你的财务状况变成现在这副模样。如果你想改变，就必须做出不同以往的事情。如果我想腰围缩小到 52 英寸以下，就必须改变饮食结构和锻炼方式。改变的过程是痛苦的，但结果是值得的。

我已经攀上了金钱再生计划的顶峰，并且带领过无数人到过山顶。我告诉你，一切努力是值得的！所以，请你系好鞋带，和你的"普通"朋友们挥手告别，跟我们一同爬山吧！

06 | 循序渐进理财法：想学跑，先学走

在我的第一本书《财务和平》里，有一个章节叫作"循序渐进"，讲的是如果我们从一点一滴的小事做起，就可以实现关于金钱的所有愿望。多年来，我通过在"财务和平大学"课程的小组讨论中一对一地回答参与者遇到的麻烦，以及在广播节目中回答观众的问题，逐步研究出一套"循序渐进"的理财方法。无数人通过这种方法实现了金钱再生计划。"循序渐进"这个说法来自由比尔·默里主演的喜剧电影《天才一对宝》（*What about Bob?*）。比尔饰演了一个精神病人，快把他的精神病医生给逼疯了。剧中这个医生写了一本书，就叫《循序渐进》。而这部电影的主要框架也是围绕着"千里之行始于足下"来展开的。我们也会用这样的循序渐进的方法来达到金钱再生的目的。为什么这种方法能奏效呢？我还以为你永远不会问呢。

吃掉一头大象的办法

吃掉大象的最好办法是每次只咬一口。做事情也是一样，找到突破口，发挥你的聪明才智，直到完成才能进行第二个步骤。如果你

想同时进行所有事，将注定失败。如果今早起床，你意识到必须减掉
100 磅体重并锻炼肌肉和增强心肺功能，你会怎么做？如果你在健身
的第一天就绝食，然后跑 3 英里，接下尽力锻炼身上每一组肌肉，那
么你整个人会崩溃的。哪怕你第一天侥幸坚持下来了，过了 48 小时以
后，你的肌肉群会变得僵硬，心脏不堪重负，不久之后你就会再次暴
饮暴食。几年前，我为了健康并且追求好身材开始健身。我的教练很
明智，并没有想在第一天就让我崩溃。甚至到了第二周，也没有突破
极限，因为他知道我必须在进行高强度训练之前，先练出更强有力的
肌肉。我们先学走，再开始跑。另外，如果我想要同时做所有事情的话，
也会因为自己无法完成而受到打击，感到沮丧。

　　专注力是"循序渐进"理论成功的原因之一。当你试图同时做所
有事情的时候，每件事情的进展都会很慢。当你在 401(k) 账户投入 3%
的资金，多还 50 美元的住房抵押贷款，再还 5 美元的信用卡欠款，那
么你的所有努力都会被削弱。同时开展这些项目，结果会是你在很长
一段时间之后无法完成任何一个目标，这会让你觉得自己一事无成，
这是非常危险的。如果你觉得什么事情都完不成，过不了多久，就会
丧失理财的热情。专注力可以解决这个问题。你会不断地把已还清的
债务从债务清单上一个一个划去。生活质量的明显改善，会让你受到
鼓舞，对自己竖起大拇指说一句："好样的！"

　　优先排列要做的事情，也是"循序渐进"理论可以成功的要素之
一。这些步骤中的每一步，都是我向你承诺的健康财务计划中的一部分。
它们建立在彼此之上，如果不按照顺序完成，这个计划就不会起作用。
想象一下，一个 350 磅重的人在刚开始马拉松训练时，我们让他一上
来就猛跑了 10 英里，他肯定做不到。这样做轻则让他沮丧不已，重则

引发心脏病。所以循序渐进法必须按照顺序来进行。在开始 10 英里长跑之前，先绕着街区多散散步，减轻一些体重之后再去跑。

为了保证"循序渐进"计划有效地进行，我们一定要心无旁骛地专注于目前所在的步骤上。要有耐心！我们会攀上峰顶，但前提是搭建一个坚不可摧的大本营。你可能因为对金钱问题的需求有不同的侧重点，而想要走捷径，我劝你千万不要这么做，否则得不偿失。这些步骤都属于经过验证的健康财务计划，每个人只要按照正确的顺序进行，就能获得帮助。假如你 55 岁了还没退休，你可能会想要直接跳到第四步（将收入 15% 用于退休计划），因为你害怕不能体面地退休。问题在于，如果你因此抄近路，最后反而很可能无法体面地退休。当你将本应用在退休计划的现金，用于不可避免的紧急情况上，最终也会失败。如果你的孩子要上大学了，你正在因为可能存不够学费而恐慌（第五步会讲到），但是请千万不要打乱这个计划的顺序。我会告诉你，每个阶段如果弄乱顺序会遇到什么问题，因为这些问题大多数我都遇到过。请专注于你目前正在进行的步骤上，即使可能会对金钱计划的其他方面造成暂时的伤害。就算你几个月来都没有关注退休问题也没关系，只要你快退休的时候把退休计划提上日程就好了。

靠预算经营"你"有限公司

本章讲的是"循序渐进"里的第一步。但是在我们开始讨论如何快速节省出 1000 美元之前，需要了解一些基本的工具，以及你应该做到的事情。这时，我们就要讲到这个可怕的词了——预算。你必须每个月都要做预算，并且把预算白纸黑字写下来。这本书讲的是一个可以让你赢得金钱的计划，一个很多人已经成功完成了的计划。事实上，我向你保证，无数赢得这场金钱战争的人，没有哪个不做书面预算。

当我们终于意识到目前的理财方法毫无用处时，我们积极地开展了金钱再生计划。每个月都要面对入不敷出的窘迫，而我们所能做的只是为了钱争吵不停。我们厌倦了这种恶心疲倦的感觉！

预算是整个过程中最好，却也是最困难的部分。我们要确保这些钱既要用在偿还债务上，也要同时削减我们的欲望！每周我们都要因此付出努力，还要自律。哪怕我们擅长其中的一项，现在也不会落得这步田地。

我们付出的最大牺牲就是必须等待。等我们真正有了钱才能做很多事情。这真是个好主意！今年的圣诞节一定会与众不同。我认为甚至会更好，因为圣诞树下每一个礼物都是付完款的，我们也会真正享受彼此的礼物，而不是像以前一样后悔。

这种变化在我们生活中的方方面面都有明显体现。当我们知道自己可以攒够孩子上大学的学费，并且还能够始终如一地给教堂捐款，这种感觉太舒服了。有趣的是，我们并不想念钱财。

没有债务的生活简直太美好了。我和我的妻子可以更好地交流，我们彼此更加相爱，也更爱孩子了，因为我们不再总是为了钱而感到压力。

托尼·基格（36岁，小企业主）

塔拉·基格（37岁，家庭主妇）

在第四章"金钱骗局"里，我们已经讨论过书面预算的重要性。如果你在为一家名叫"你"的有限公司工作，你的职责就是管理资金。你在"你"有限公司管理金钱的方式，就和你管理自己的金钱一样，那么你会被这家公司解雇吗？你必须让钱做应该做的事，不然钱就会消失。每个月的书面预算，就是你的金钱目标。在任何事上都获得成功的人都有书面目标。而这个目标就是你奋斗的方向。金克拉曾说过："如果你什么都不瞄准，那么每次都会落空。"你必须要驯服金钱，不然它可不会听话。巴纳姆说过："金钱可以是忠实的奴隶，也可以是可怕的主人。"没有蓝图就没法盖房子，那么没有蓝图，你为什么就花掉了一辈子200多万美元的收入呢？耶稣云："你们哪一个要盖一座楼，不先坐下算计花费，能盖成不能呢？"（《路加福音》第14章第28节）。

我们似乎永远都没有足够的钱来支付家里的开销。每个月我都很恐慌，因为我们的钱只能勉强度日：要支付账单、孩子的课外活动，还要支付汽车修理费，等等。约翰很沮丧，因为进家门之前他的支票就能用完。我们可动用的钱少之又少，还经常为先偿还哪一笔债务而争吵。多亏了一个朋友，让我最终能接触到这本书，也让我意识到，只要每个人都为之努力，我们全家未来的财务和平就指日可待了。

果然，约翰读了戴夫的书之后，也得出了和我一样的结论。我们很高兴能在财务上达成一致，并且开始明智地用钱！我们制定了预算，抛弃了信用卡。我们知道必须齐心协力才能达到目标，所以我们花了很长时间来沟通，如何改变家里的花销才能真正改善家庭生活。很多夫妻都不会一起商量预算，最后只能是互相指责、互相推诿。所以，从一开始就共同努力是非常重要的！夫妻俩共同做预算可能看上去很无聊，但是我们把日常的预算规划，变成了有趣的、为将来计划的约会！

不用为钱而发愁的日子简直太惬意了。我们可以和四个孩子在一起做很多事情，并且真正享受和他们在一起的特殊时光。另外，我们正在计划给目前的房子增加一层楼。在开始戴夫的计划之前，这对我和约翰来讲是个苦涩的梦想，因为我觉得永远不会实现。可现在，我可以看见这个曾经的梦想在不久的将来就会实现。制定计划并且坚持执行计划，让全家人的日子发生了翻天覆地的变化。我无法想象没有预算的生活会怎么样！经济上的回报是美好的，但是更好的是，我和约翰找到了内心的平静。

萨拉·马什（34 岁，家庭主妇）

约翰·马什（37，土木工程师）

励志演说家布莱恩·特雷西曾说过："成功靠什么？不懈的努力？出众的天赋？继承大笔遗产？历经十年的研究生教育？人际关系？幸运的是，对我们大多数人来说，成功所需的东西简单易得：一个清晰的、以书面形式确立的目标。"根据布莱恩·特雷西的说法，一项针对哈佛毕业生的研究表明，在毕业两年后，那些 3% 写下目标的人，在经济上的成就比其余 97% 的人所获得的成就加起来还要多！

这不是一本关于金融的教科书，而是告诉你关于金钱再生计划有哪些步骤以及如何执行这个计划的书。这章讲的也不是如何做预算，但是在这本书的最后，有很多从财务和平软件程序里摘出的预算表格可供你使用。每一页都有说明。但是在你开始制定财务预算之前，让我先给你一些预算的指导。

每个月都要制定一份新的预算。不要想着做出一个适用于所有月份的完美预算，因为这样的预算根本不存在。在每个月开始之前，要将每一美元怎么花都详细写下来。而且给你所有收入的每一美元都列出明细，这叫零基预算，也就是每月收入减去支出的余额等于零。看看这个月的收入，将其和本月的账单、存款和债务一一匹配起来，直到每一分钱都有自己的去处。如果你因为佣金、自由职业或者奖金等而导致每个月的收入不固定，可以使用系统中的不固定收入计划表来创建一个有优先顺序的消费计划。不过，你必须在每个月开始之前制定书面预算。

从小到大我的理财观念就是，如果你想要得到什么，就必须为此负债！我也确实是这么做的。在我 25 岁的时候，我欠的债包括 3000 美元的房车贷款，9000 美元的汽车贷款，大概 1000 美元的信用卡欠款，还有 5 万美元的新房贷款。对于年薪大概 3 万美元的人来讲，这是一笔巨大的债务。

直到我表妹和她丈夫向我介绍了戴夫，我才开始改变理财的方式。他们在当地的一个教堂参加了财务和平大学的课程，并且和我分享了课程 CD。我看了几个小时之后，觉得生活中亮起了光。我知道我必须要控制自己的财务状况，才能开始不一样的生活。我买了《财务和平》和这本书，并且每天收听戴夫的线上节目。

在实现财务自由的过程中，我觉得最重要的就是做预算。当我意识到在外面吃饭花了多少钱时，我差点晕过去！我花了几个月的时间整理自己的资金和支出，但是现在我可是个预算小达人了！每张薪水支票的 10% 用于捐赠，目前工资的 49% 用于还房贷。多亏了这样的精打细算，我在年末的时候可以将薪水的 52% 用于还房贷了！这样我就可以捐更多的钱，帮助更多的人找到自己的财务和平。

杰米·摩根（27 岁）

农业信息传播行业

对此达成一致

如果你已经结婚了，那么要和另一半在预算方面达成一致。这句话需要一本单独的书来详细展开，但是底线是，如果你们不通力合作，那么最后获得胜利的可能性微乎其微。一旦预算达成了一致并且白纸黑字写下来，就要互相拉钩保证，绝对不做这张纸上没有写到的事情。这张纸就是金钱的老板，而你则是纸上内容的主宰。但是你必须按预算执行，不然这只是个花架子。

如果月中发生了什么事情导致需要改变预算，那么你们就要召开紧急会议讨论一下接下来怎么办。只有能够满足以下两个条件时，你才可以改变预算以及用钱的方式：第一，夫妻双方对改变预算达成一致；第二，你必须仍旧保持预算平衡。如果你因为修车，支出增加了50 美元，就必须在其他地方减 50 美元，这样你的收入减去支出才能等于零。这样的中途调整并不会很麻烦，但是必须要满足刚刚说的这两点。这样你才能依旧保持收支平衡，不会超出预算，而且你的另一半也表示同意，这样也不会破坏之前拉钩做出的保证。

艾黛丽安！

在我们开始循序渐进法的第一步之前，你还有另外一件事要完成，那就是向所有的债权人偿还债务。如果拖延还款，那么这就是你的首要目标。如果你拖欠的债务太多，那就优先支付要紧的费用，比如基本的食物、住所、水电煤气、衣物和交通等方面的开支。只有当你只在必需品上支出

> **戴夫说**
>
> 在美国，很多人离婚的原因都是因为钱。夫妻双方不知道如何沟通关于钱的问题。这是因为大多数时候，妻子和丈夫对于所有事情都有自己完全不同的看法，当然也包括对于钱的看法。
>
> 在每段婚姻里，都有两种人，我将他们称之为"无聊呆子"和"自由灵魂"。"无聊呆子"喜欢数字，觉得数字给他们带来控制力，同时也觉得这样可以让自己更好地照顾自己的爱人。
>
> 可是"自由灵魂"却不这么认为，他们觉得自己被控制了！他们完全不想和数字有任何关系，甚至会"忘记"预算这码事儿。
>
> 你猜怎么着？"无聊呆子"和"自由灵魂"都没有绝对的"对"与"错"。你们是一个团队的！
>
> 的确，你们需要有计划，但也要享乐；需要存款，但也需要适当花销。这件事的关键在于，要找出两个人的不同之处要如何互补，才能更好地合作。只有当你们坐下来一起制定计划，这件事才能成功。"无聊呆子"可以草拟出第一版预算，"自由灵魂"也要坐下来一起看。见鬼了，我竟然让"自由灵魂"改了一些预算！这可能会让"无聊呆子"抓狂。但这是"我们"共同的计划，对吗？这意味着夫妻双方都需要有成熟的想法和共同的目标。

时，才能跟上信用卡和助学贷款的还款进度。如果你需要更多地帮助来摆脱这种程度的财务危机，请访问我们的网站并且联系一位理财顾问，或者购买《财务和平》这本书。

集中注意力是获胜的必要条件。我还要再次强调，那些已经完成金钱再生的人，那些在书里分享自己故事的人，还有美国各地获得金

钱成功的人都曾经无比愤怒。他们厌倦了这种恶心和疲惫！他们高喊："我受够了！"然后以雷霆万钧的气势改变了自己的生活。理论上走向财富不需要什么智力训练，你所需要的是激情。放着电影《洛奇》的背景音乐，听着洛奇哭喊着："艾黛丽安！"拿下他！你就是冠军！在这个逻辑里不需要你有多大的精力，而是修正你的行为和动机，这的确有用！

当你完成了当前要做的事，有了一个书面的、大家都达成一致的计划，并且克服了障碍，开始集中注意力，那么你就准备好了按步骤进行。让我们开始这段旅程吧。

步骤一：存 1000 美元现金作为启动应急基金

天会下雨，所以你要未雨绸缪。《金钱》杂志表示，78% 的人在10 年的时间里都会遇到重大的负面事件。比如你的工作被精简、你被降职，或者最简单的——你被解雇了。你意外怀孕——"我们还没准备要孩子，或者再要一个孩子"。汽车爆胎。变速器熄火。埋葬了所爱之人。成年的孩子又搬回家住……生活就是这样，有些变故总会发生，没什么可奇怪的，但是你要为此做好准备。你需要一笔应急基金，就像传统的祖母的"雨天基金"①那样。有些人跟我说，我要乐观一些。是，我挺乐观的，可是天总要下雨，所以你必须为此做准备。当然了，1000 美元很显然不足以解决所有的重大问题，但在积攒出充足的应急基金之前，这些钱足够应对各种生活中的小问题了。

---

① 雨天基金也被称为应急基金或紧急储蓄账户。它是在最糟糕的情况下，如裁员、子女或配偶生病时所持有的资金。

我们现在没有，以后也不会申请信用卡了。你可能会问"为什么？"（至少很多家人和朋友都会这么问。）因为我们已经找到了安全感，相信上帝会提供我们所需的一切，并且我们也

有能力建立一笔应急基金来应对意外的支出。很多人都会说，怎么也得有一张信用卡以备不时之需。这是他们的借口，而我们则找到了更好的应对办法，那就是提前做好计划，建立应急基金，这样无论发生什么都可以用现金来解决了。

我们非常清楚，控制自己对金钱的态度，是获得财务成功的首要因素。我们现在可以指挥着钱花在什么地方，而不是受金钱的支配，让我们成为别人（比如助学贷款或信用卡公司）的奴隶。我们对于被赠予的东西有了新的尊重和理解，开始对上帝赐予我们的金钱负起责任。我们要面对债务和欲望，更好地管理财产和收入。在此之前，我们并没有意识到每一分钱都可以积少成多。而我们要做的选择就是，是让这些积少成多的钱存在于储蓄账户里，还是用于信用卡还款上。

最初存下来的 1000 美元，对于后续的金钱再生来讲非常重要。这些钱教会你如何给未知的未来做准备，并且让你有足够的信心相信，当意外发生时，你完全可以应对。这也让我们偿还债务和信用卡欠款时更加轻松，因为我们知道如果有什么突发事件的话，银行账户里还是有钱可以应对的。我们不再对信用卡抱有虚假的安全感。我们的习惯和坚持让我们可以更好地管理金钱，这才是真正的安全感。在做预算时我们总会有一些牺牲，可这是值得的。我们提醒自己，推迟购买并不代表永远都不能拥有。想要获得财务和平，要相信上帝和时间，

还要有耐心，并做好准备。

史黛西·布莱索（35 岁，数据分析员）

安德烈·布莱索（36 岁，生产技术员）

这笔应急基金不是用来购物或者度假的，只能用于紧急情况。你听说过墨菲吗？这个人总结出一套负面定理："如果事情有变坏的可能，不管这种可能性有多小，它总会发生。"这些年来，很多在我身边工作的人，都被墨菲的思想主宰着。他们为处理那些被认为是与生俱来的麻烦，花了太多时间，仿佛这些麻烦是他们家远房亲戚。有意思的是，当我们开始金钱再生计划时，"墨菲"却自然而然地离开了。金钱再生计划不会保证每个人都过上高枕无忧的生活，但是据我的观察，如果有应急基金的话，麻烦——或者说墨菲，就不会愿意来串门了。为应急基金存钱就是驱赶墨菲的法宝！长时间处于破产状态的话，就会吸引"墨菲"来安家落户。

大多数美国人都会用信用卡来应对生活中的"紧急情况"。不过有些所谓的紧急情况，只是常见的事情或者节日，比如圣诞。圣诞节不是紧急情况，它不会悄无声息地接近你。圣诞节时间永远在 12 月，不会改变，所以也称不上是突发事件。你的车需要修理，孩子因发育太快而需要买新衣服，这些也不是紧急情况，而是本就应该出现在你的预算里。如果你没有把这些事项放在预算里，就会感觉这些也是紧急情况。美国人也会用信用卡来应对真正的紧急情况。就比如刚刚讲到的裁员，就属于紧急情况的一种。这也是需要建立应急基金的原因。但是，一款打折的真皮沙发并不是紧急情况，你不该为此动用应急基金。

无论紧急情况是真实发生的，还是由于计划有误才产生的，你必须打破依赖信用卡的习惯。为所有的日常支出做好预算，为真正的突发事件建立应急基金，你就不用再依赖信用卡。

"循序渐进法"的关键的第一步，就是开始建立应急基金。快速攒下 1000 美元就是你的开始！如果你的家庭年收入在 2 万美元以下的话，那么你刚开始只要拿出 500 美元作为你的初始基金。那些家庭年收入超过 2 万美元的人，可以很快就存够 1000 美元的应急基金！停下手中的事情，集中注意力开始完成这项任务吧。

我非常讨厌债务，总有人问我为什么不从解决负债问题开始。当我最开始教大家理财知识和咨询的时候，的确这样做过，但是我发现人们会因为某一个紧急情况而放弃整个金钱再生计划，为了生存而不得不停下还债的脚步，这让他们感到很内疚。就好像你因为跑步时摔倒伤了膝盖，而不得不放弃整个健身计划一样，你会为了不健身而找各种各样的借口。车上的交流发电机坏了，你因为 300 美元的修理费而毁了整个计划，因为没有应急基金，只能使用信用卡来支付。如果你在发誓摆脱债务之后再次陷入债务中，就失去了前进的动力。这就好像你通过一周的努力好不容易减轻了 2 磅，却因为星期五吃了 7 磅的冰淇淋而毁于一旦。你会觉得糟糕透了，就像一个失败者。

所以在尝试摆脱债务之前，你必须先准备一小笔应急基金来应对突发情况。就像减肥的时候喝点容易吸收的蛋白质混合饮料来增强身体机能，以确保减肥成功是同样的道理。当你逐步还清旧账的时候，应急基金会防止生活中的"墨菲们"催生新的债务。如果真的发生了紧急情况，你也必须用应急基金来处理。不要再负债了！你必须打破这个恶性循环。

缩紧预算、加班、卖掉一些没用的东西或者在车库里组织一次旧货大甩卖，你就可以很快赚到 1000 美元。你们中的大多数人应该不到一个月就能够完成这个任务。如果觉得要花更长时间才能存够这笔钱，不如做些积极的事情，比如送外卖、做兼职，或者再额外卖点东西。你需要疯狂起来，因为你已经处在金钱悬崖的边缘，都快掉下去了。记住，如果那些破产的人觉得你表面风光炫酷，那你就走错方向了。如果他们觉得你疯了，那说明你很可能已经走上了正轨。

把钱藏起来

当你存够了 1000 美元之后，把钱藏起来。你不能把这笔钱放在口袋里，否则你随时可能把钱花掉。如果你把 1000 美元放在内衣抽屉里，卖披萨的人就会拿到这些钱。并不是说卖披萨的人躲在你的内衣抽屉里，而是说如果这笔钱很容易拿到手，你就会产生冲动消费。你可以把这笔钱存进储蓄账户，但这不能保证你不会透支。不要把储蓄账户和支票账户相关联，以免你被透支，一冲动就把这笔应急基金花掉了。我必须学会保护自己。我们把钱存进银行，并不是贪图利息，而是为了不容易拿到钱。毕竟按照 4% 的年利率计算，1000 美元一年只产生 40 美元的利息。我们并不是想靠这个发财，只是把钱放在一个安全的地方来保管。

你也可以用一些创意的手段将这笔钱藏起来。玛丽亚参加了我们的课程后，去了附近的沃尔玛，买了一个 8 英寸 ×10 英寸的便宜相框。她把 10 张面值 100 美元的钞票夹在了相框里，并且在相框上写着："紧急情况请打碎玻璃。"然后她把这个装有应急基金的相框放进了壁橱。她知道一般小偷不会注意到那儿，而且要把钱从壁橱里的相框中取出来也特别麻烦，所以不到万不得已，她是不会使用这笔钱的。无论你选择把这笔钱存进银行，还是藏进壁橱里的相框，都请赶快存够1000美元。

流动起来

这只是简单的一小步，所以动作要快！不要在这小小的一步拖上几个月！如果你手头已经有1000多美元呢？那可太简单了！如果这1000美元不在养老金账户中，就把钱拿出来。如果是有罚息的定期存款，那就承担罚息后把这笔钱取出来。如果你用这些钱投资了共同基金，也请承担罚息后把钱取出来。如果是储蓄债券，把钱取出来。如果在支票账户里，把钱取出来。如果是股票或债券，也请把钱兑现出来。唯一可接受的应急基金，是1000美元的可流动现金。如果你在这笔钱的问题上还心存侥幸，那么你很可能会通过借债来防止"兑现"。我们会在以后的金钱再生计划里，告诉你使用应急基金的具体细节。

除了退休计划要用到的钱之外，所有1000美元以外的收入都要用在下一步，所以请做好准备。这笔钱可不能用来修理损坏的汽车发电机。

如果你正处于下一章第二步骤的情况，需要从应急基金里拿出300美元修汽车发电机，该怎么办呢？一旦遇到这种情况，请立马停止第二步骤，重新回到第一步骤，直到补齐了1000美元为止。你的初始基金再次攒够时，就可以再回到第二步骤。不然的话，这个小小的问题计划让你一步一步退回到靠借债来应对紧急情况的老路上。

我知道你们有些人会觉得这步太简单了。对于某些人来说，这一步骤可以瞬间完成，而对另一些人来讲，这是他们第一次有足够的控制力来存下这笔钱。对于某些读者而言，这不过是个简单的步骤；对其他人来说，这个步骤将成为他们执行整个金钱再生计划的精神基础和感情基础。

莉莉就是这样一个例子。她离婚八年了，现在是个单亲妈妈，带着两个孩子，为了生存而挣扎已经成了她的一种生活方式。莉莉背负的债务不是由于自己的愚蠢行为造成的。生存的压力迫使她不得不忍受高利率的汽车贷款、预借现金贷款以及高额的信用卡欠款的盘剥。而她每月只有 1200 美元的收入，却要抚养两个孩子，还有一群贪婪的高利贷者对她虎视眈眈。存钱对于她来讲简直是天方夜谭，她早就对存钱不抱希望了。当我见到她的时候，她已经开始了自己的金钱再生计划。在一次现场活动中，她听我讲了循序渐进法要如何做。几周之后，在一次图书签售会上，她让我大吃一惊。

莉莉随着签售的队伍来到我面前，我抬头看见她开心地笑着。她问我能不能给我一个热情的拥抱来表示感谢？我怎么可能拒绝呢？我看着她的眼泪顺着脸颊流下来。她开心地告诉我，她这辈子第一次为了预算而奋斗。她告诉我这么多年的艰辛，然后她笑了，说自己终于存下来 500 美元现金。在场的所有人都为她欢呼雀跃。这是她成年以来第一笔 500 美元的应急基金。她第一次用钱将"墨菲"与自己隔离开来。陪着莉莉一起来的朋友艾米告诉我，莉莉已经变成另外一个人了。艾米说："她现在平静下来了，整个人气场都变了。"不要感到困惑，这不是区区 500 美元的功劳，是她重新燃起的希望使自己得到了解放，这种希望是她从来没有过的。而她的希望，来自可以掌控金钱的能力。金钱曾经是莉莉一生的敌人，而现在，金钱被驯服了，是她未来一辈子的伴侣。

那么你呢？现在是做决定的时候了。这到底只是理论，还是事实？我究竟是个傻疯子，还是真的找到有用的办法？请继续阅读，我们来一起做这个决定。

07 | 债务雪球: 真的可以快速减肥

你的金钱再生计划离不开强大工具的支持。我深信, 你们积累财富最强大的工具就是你们的收入。想法、策略、目标、愿景、专注力甚至是创造思维都很重要, 可是只有当你能控制并且充分利用自己的收入时, 才能真正抓住财富。或许有些人可能因为继承财产或者中了彩票大奖而暴富, 可这只是单纯的运气而已, 并不是一套经过验证的健康财务计划。想要积累财富, 你必须重新夺回收入的控制权。

认清你的敌人: 债务

快速致富的底线是没有任何欠款。或许你已经听腻了这样的话, 不过我还是想说, 赢得这场战役的关键在于认清谁是你的敌人。我之所以如此迫切地希望你能摆脱债务, 是因为我已经见过无数人的成功案例, 他们摆脱债务后, 没多久就成为百万富翁。如果你没有车贷、助学贷款、信用卡欠款、医疗债务甚至抵押贷款, 你可以很快就能成为有钱人。我知道对于你们有些人来讲这件事似乎遥不可及。你可能会觉得自己就像一个 350 磅重的人看着环球先生的身材, 摇摇头, 觉

109

得自己永远不会变得那么健美。我向你保证，我与很多拥有同样想法的人打过交道，他们最终都实现了资深的财务健康，所以请听我一言。

还是让我们用数字来展示这件事的真相。一个普通的美国家庭的平均年收入为 5 万美元左右，他们每个月通常要偿还以下这些贷款：850 美元的房贷、495 美元的车贷（如果有第二辆车，还需额外负担 180 美元的车贷）、165 美元的助学贷款，还有平均约为 1200 美元的信用卡欠款(平均每月最低还款额约为 185 美元)。此外还有家庭杂项债务，比如家具、音响等物品产生的债务或者个人贷款，这些零碎的支出加起来每个月大概要 120 美元。综上所述，每个月的所有支出共计 1995 美元。如果将这笔钱用于投资共同基金而不是还债的话，那些这些家庭将在短短 15 年内成为百万富翁！（而 15 年后的变化会更加令人激动：从那时算起的 5 年后，他们将得到 200 万美元；再 3 年，200 万美元会增加到 300 万美元；再 2 年半后就能得到 400 万美元；再多加 2 年就会得到 550 万美元。也就是说 28 年之后，他们将拥有 550 万美元。）注意，我是按平均收入水平来计算的，你们很多人赚的比这个还要多。如果你觉得自己没那么多支出，所以这个计算结果不适用于你，那么你就误解了我的意思。如果你的收入为 5 万美元而且支出更少，正说明你就有了一个更好的起点。因为你比大多数人能更好地控制自己的收入。

如果你的睡后收入为 3350 美元，而且没有欠款，你能将 1995 美元用于投资吗？你的生活中只需要支付公共产品、食品、服装、保险和其他杂费。生活可能会过得紧巴巴，但接受上述建议是可行的。如果你能坚持 15 年，就会获得无与伦比的美好感受。我会在之后和你解释详情。

很多读过这本书的人都相信，只要摆脱债务就能致富。现在的问题是，你感觉深陷债务不能自拔。我有一个好消息要告诉你！我有一个万无一失的方法可以帮助你摆脱债务，可是执行起来非常困难。大多数人都不会选择这么做，因为他们平庸，可你不一样。因为你已经明白，现在坚持与众不同的生活方式，才能让你未来过得不同凡响。你厌倦了令人疲惫而无助的感觉，愿意为了未来能过上好日子而付出代价。这是你整个金钱再生计划里最艰难的一步。艰难，但是值得。这一步骤要求你竭尽全力，做出最大的牺牲，而你的家人朋友会嘲笑你，也可能会加入你的行动。这一步还要求你削发明志，喝廉价饮料。开个玩笑，没那么严重。不过你必须倾注所有的注意力。还记得之前引用的爱因斯坦的话吗？"伟大人物经常会受到懦弱世俗的强烈反对。"

如果你真的相信，只要没有了欠款，积累财富不再是个梦想而是现实，你就应该做出与众不同的行为并且牺牲掉一些事情。还清债务的时候到了！

步骤二：开始债务雪球计划

我们偿还债务的方式叫作债务雪球。接下来的几页有相应的表格，这本书的最后也有预算表格，这些都是财务和平预算软件里的内容。债务雪球的过程很容易理解，但是需要你付出巨大努力。记住我的牧师曾说过的话："世事并不复杂，但是很难。"我们之前已讨论过了，个人理财80%取决于行为，20%取决于头脑和知识。债务雪球之所以要这么设计，因为我们更关心对行为的纠正，而不是精确的数学计算。（你们很快就知道我为什么这么说了。）作为一个书呆子，我以前总是先用数学计算来论证我的观点。数学计算很重要，但有时候，行为动机比数学计算更重要。我们现在说的就是这样的情况。

债务雪球计划，要求你按照还款金额从小到大的顺序列出所有债务。不要将房贷也列入其中，这个问题我们在另一个步骤里会解决。除了房贷之外，列出所有的债务，包括从爸妈那里借的钱或者零利率医疗债务。暂且不考虑利率的影响，不去想利率到底是 24% 还是 4%。你要做的是将债务按照额度从小到大全部排列好！如果你的数学足够出色，那么应该不会有任何债务。所以还是按照我的方法做吧。按照债务金额从小到大的顺序开始还债，除非有紧急情况，比如国税局追着你要税款，或者不偿还欠款就会丧失抵押品赎回权，等等。否则的话不要多想，按照欠款金额从小到大来偿还债务就好。

将欠款金额从小到大排列的原因，是为了快速获得一些小的胜利。这就是我前面提到的"行为的纠正比数学计算更重要"。面对现实吧，如果你节食一周后体重有所下降，你就会一直节食下去。如果节食之后体重有增无减，或者 6 个星期之后没有显著变化，你就会放弃节食。在培训销售人员时，我会试着让他们快速完成一两个小的销售任务，这样才能鼓舞他们的士气。当你开始了债务雪球计划，并且在几天后还清了一两笔小额债务，相信我，它一定能点燃你的激情。我不在乎你是否有心理学硕士学位，你需要这种迅速实现的胜利来获得激励。让自己拥有激情是非常重要的。

有意思的是，一开始我都没意识到我们遇到了问题。但是当我开始收听戴夫的节目，并且读了这本书之后，我开始害怕了。我们意识到，只要发生一次意外，或者一个人失业了，我们就会失去所有一切。我们赚钱很多，可还是有 6 位数的债务，这里面还不包括房贷。

一切都始于毕业之后。当时我们背负着 6 万美元的助学贷款，还认为这很正常。然后我们买了房子，两辆新车，还有欠下了 3.5 万美元的信用卡债务。我们对此无动于衷——我们试图过上与他人一样的生活，买了许多零七八碎的东西，却完全没有在意。

预算让我们之间的交流前所未有地顺畅。当我们发现可以在相对较短的时间内还清很多债务，而不是最开始认为的 10 到 20 年时，阿曼达身上的巨大压力一下子消失了。

历时 35 个月的债务雪球是最困难的部分，但是我们从未动摇过决心。的确，"墨菲"来家里做客了——我们有了一个孩子，阿曼达做了背部手术，还有其他的紧急状况发生，但是我们还是做到了！我们真的达到了摆脱债务的目标！

我们卖掉了阿曼达最爱的那辆全新的"自由人吉普车"，换了一辆成色较好的 1991 款二手车。阿曼达增加了自己的轮班，同时我也承担了更多家务活。我们大大缩减了生活开销，改变了生活方式。别人对此的嘲笑让我们知道，自己正走在正确的道路上。我们知道，如果还像过去那样靠大量举债过日子，我们就永远无法摆脱债务。

在我们结婚后的前 6 年里一直负债累累。可是自从开始金钱再生计划以来，我们还曾经大吵一架。但现在，我们的生活因此发生翻天覆地的变化。我们知道在短时间内我们可以做到任何想做的事情。而且我们也改变了整个家庭，因为我们真的在用心经营。

史蒂夫·法勒（32 岁，eBay 店主）

阿曼达·法勒（31 岁，药剂师）

一位女士开了一家不大的文印店。她在经营小店时，实施了债务雪球计划，现在文印店的规模已经大大扩张。她还把债务雪球计划的执行表打印出来，贴在冰箱门上。每次还清一笔债，她都会在那一笔债务下面画上一条重重的红线。她告诉我，每次走过厨房看到冰箱门上贴的清单，她都会欢呼："欧耶！我们正在摆脱负债！"要是你觉得这只是老生常谈，就说明你还没有真正理解金钱再生计划的重点。这位女士一点不笨，她有博士学位，是一位冰雪聪明的女性，所以能理解这项计划的真谛。她知道金钱再生计划的关键是改变行为，而改变行为的最好方法，是快速获得一些小的胜利来增强获胜的决心。

当你还清了一笔52美元的医疗账单，或是还清已经拖欠8个月的122美元的手机费时，从数学计算上来讲，你的生活没有太大改变。然而，这表示你的整个计划已经开始生效。当你看到成果时，会受到鼓舞，从而继续坚持这个计划。

当你按照欠款金额从小到大列出所有债务之后，应该首先还清金额最小的债务，其他债务每月都按照最小还款额来支付。你应该设法从预算中省出钱来，然后把省下的每一分钱都用于偿还最小金额债务。当最小金额债务还清之后，将这笔债的还款额，加上你从任何地方"找到"的闲钱，加到金额第二小的债务上。（相信我，一旦你开始滚雪球，就绝对能找到闲钱。）当第二笔债还清之后，将第一笔和第二笔债务还款额，再加上找到的闲钱，加在金额第三小的债务上。第三笔付清之后开始还第四笔，以此类推。记住，除了金额最小的债务之外，其他债务每月都按照最小还款额来支付，直到这笔债还清。每还清一笔债，可用于偿还下一笔债务的钱就会增加。将所有已还清债务的金额，加上从任何地方能够挤出来的闲钱，都用来还目前欠款

全额最小的一笔债，直到这笔债还清。进攻吧！债务雪球慢慢吸收还

　　　　　　越滚越大，等它滚到你的最后一笔债务那里时，就会发生
"雪崩"。

　　大多数人将债务雪球滚到最后一笔债时都会发现，他们每个月可以有 1000 美元来支付汽车或者助学贷款。这样一来，他们用不了多久就可以逃出债务陷阱，除了房贷之外实现其他债务清零。这就是循序渐进法的第二个步骤，利用债务雪球计划来摆脱除了房贷之外的其他所有债务。

　　我和我妻子都不到 25 岁，却已经负债超过
16.9 万美元了。我们厌倦了这种恶心和疲惫的感
觉！我们的债务是一点一点增加的。艾米有时候
会买一些小玩意，比如衣服或者为家里添置一些
小东西。这些看似微不足道的东西让我们逐渐走向"死亡"。而我却
相反，我的都是大开支，比如我买了一辆宝马车（当然是为了艾米），
带着她去纽约来了一次惊喜之旅的度假。我们没有自律，也没有在购
买之前让内心那个吵闹的孩子闭嘴。

　　我们一直没有摆脱债务的紧迫感。直到某件事情的发生成了一个
转折点，让我们改变了固有的认识。几年后我换了工作，培训期间我
每个月的收入减少了 4000 美元。虽然我们有些积蓄，但是消耗得非常
快。为了开始金钱再生计划，我们决定降低日常生活支出，并且将所
有东西变卖，当然除了孩子，并且改变消费习惯。

　　我们像疯了一样，卖掉了租赁财产，还清了宝马贷款、百货公司
消费卡、医疗费和助学贷款。我们推迟了一些出游的邀请，毕竟要花

钱的。我们还决定举办一次车库大甩卖，不过最后看起来有些像房地产大甩卖。我们发挥着自己的"创造力"，我还做了一件被认为是罪大恶极的事情：卖掉了我妻子的宝马车。我们知道，如果四口之家每个月只靠着 1700 美元过活的话，撑过 6 个月之后我们就能彻底改变整个家庭状况。而我们也做到了！除了房贷之外，我们其他债务均已清零，还被提名为金钱再生计划决赛选手之一！

整个过程最重要的一点，就是要学会延迟享乐。就像戴夫说的那样："如果你选择与众不同的生活方式，未来才会上与众不同的生活。"

乔西·霍普金斯（26 岁，抵押贷款信贷员）

艾米·霍普金斯（25 岁，全职妈妈）

使金钱再生计划奏效的要素

20 多年前，当我最开始教授金钱再生计划时，并不明白哪些是成功的要素，也不了解需要做哪些具体说明。让债务雪球起作用的主要因素是制定预算、开始前解决当下问题、欠款金额从小到大还清（不要自欺欺人）、做出牺牲并且全神贯注。集中精力全力以赴是最重要的。这就意味着要对自己说（并且认真地说）："我要开始还债了！其他所有事情统统不要打扰我！"如果你将一个老式放大镜拿到屋外，放在一堆皱巴巴的报纸旁边，什么都不会发生；如果阳光穿透放大镜，但是你拿着放大镜晃来晃去，也什么都不会发生；只有当你静止不动，并且将阳光聚焦在皱巴巴的报纸上时，事情才开始发生变化。不一会儿你就会闻到烧焦味，再过一会儿就会燃起火苗。

如果你觉得债务雪球计划听起来还挺有意思，可以试一试，那么这个计划也对不会生效。只有当你全神贯注全力以赴时，才能获得成功。只有瞄准目标不受其他干扰，才是获胜的唯一途径。你要知道自己应该往哪里走，或者说知道不要往哪里走。像我经常坐飞机出差，但我从来没有上了飞机之后才想，这是要飞去哪儿呀？我知道我的目的地，我要去纽约，就绝对不会登上飞往底特律的航班。下了飞机之后，我也不会看见一辆出租车就上，然后说："你就往前开吧，我也不知道要去哪儿。"我会告诉司机我要去的酒店和街道，然后问多久能到，车费怎么计价。我想说的是，我们似乎在生活中不会漫无目的地徘徊，可是一谈到钱上就迷茫了。你不能准备好开火之后才想起瞄准，也不能同时做六件事情。你正在摆脱债务，而且你必须全神贯注全力以赴来完成这件事情。

《箴言录》第6章第1节和第5节（大意如此）曰："我的孩子，如果你已经签署了担保（担保是圣经中关于债务的说法）……要救自己，如羚羊脱离猎户的手，如飞鸟脱离捕鸟人的手。"

我记得有一天读圣经时看到这一句，不禁想为什么用这么一种可爱的小动物来比喻逃离债务。后来有一天晚上看电视，在换频道的时候看见探索频道正在播出关于羚羊的纪录片。一群羚羊平静地四处游走。你知道探索频道不仅仅只播放羚羊。镜头一转，一只猎豹悄无声息地伏在灌木丛里，正在盯着自己的午餐。突然，一只羚羊嗅到了猎豹的气味，并且非常清楚猎豹想干什么。其他羚羊也收到了警报，很快变得焦躁不安。可是它们并没有看到猎豹，出于恐惧也没有做任何攻击，就站在那里不动，直到猎豹扑向它们。

猎豹意识到自己被发现之后，决定全力出击，从灌木丛里跳起来扑向它们。羚羊们大喊着："猎豹来啦！"并且疯了一样四散逃开。当然羚羊并不会大喊大叫。探索频道还温馨地提醒观众，猎豹是陆地上跑得最快的哺乳动物，可以在四次跳跃中将速度从 0 提升到 45 英里。不过这场追逐也证明了，羚羊虽然跑不过猎豹，但可以用机动灵活的 ⁓⁓⁓⁓ 式逃脱 劫，猎豹很快就累得跑不动了。事实上，猎豹在 19 ⁓⁓⁓边⁓里，只有 ⁓⁓⁓成功地捕获羚羊作为午餐，羚羊的主要捕食 ⁓就是这种陆地上跑得最快的哺乳动物，可是几乎每次羚羊都胜利了。

⁓⁓⁓⁓⁓债务的方法就是机动灵活地跳跃奔跑，逃开敌人的"捕食"。

在我们 ⁓室里，顾问们会根据"羚羊的紧迫感"来预测，谁可以摆脱债务。⁓有人对贴在冰箱门上的债务画红线并且为此欢呼雀跃，那么他们摆⁓务的势头非常好。可是，如果是那种寻找快速致富方法或者知识理论，而不是做出牺牲、全力以赴全神贯注的人，我们会把他们评为"低水平的羚羊"，他们摆脱债务的成功率很低。

我第一次知道戴夫，是收听他的电台节目"戴夫·拉姆齐秀"，然后一下子被吸引住了。读了这本书之后我非常受鼓舞，并且在我所在的教堂自愿报名参加戴夫的财务和平大学课程。他的理论都非常有道理，很简单，但是和每个人都息息相关。我要做的只是行动起来，并且着重注意改变自己的消费习惯。这一切都取决于我自己。

在开始他的计划并且制定预算之后，我立刻意识到自己以前有多么愚蠢。在我过去的人生中竟然浪费了这么多钱！当有了一个现金流计划之后，我觉得自己能更好的掌控金钱了。我可以控制金钱的流向，而不是任其自己选择消费的方向。这是一种非常自由的感觉。

我决定了要改变自己的思维模式，要对自己的生活负责任之后，就开始了七个循序渐进计划。我的第一反应是先存钱，为退休投资，然后再还债。可是我大错特错。如果按照我自己的方式来，我还是在债务里挣扎，还是债主的奴隶。

自从开始债务雪球计划之后，我的激情被点燃了。看到我的欠债越来越少，雪球越滚越大，我特别惊讶。我为自己的进步感到骄傲，而且这种进步随着时间的推移越来越明显。小小的成就能带来巨大的变化，让我在整个过程中一直抱有希望。当然，我也并没有赚很多钱来让自己摆脱债务。但是带来的变化真的令人难以置信。我知道我必须把这件事做好。摆脱债务并不取决于收入的多少，而是取决于行为的改变，并且为了摆脱烦人的债务而全力以赴的行动和态度！

几年前，我对债务一无所知，我的家人也从来不会谈论这个话题。我只是认为人人都会有债务。感谢上帝，现在我知道这是不一样的，我也可以过上我应得的生活！

迪利萨·丹杰菲尔德（42岁，注册护士）

想要债务雪球计划起作用，最关键的一步就是停止借贷。否则你只是改变了债务清单上债主的名字。你必须下狠心对自己说："我以后再也不借钱了。"一旦你把话说出口，你就会经受一次次考验。相信我，就会发生"孩子需要牙套"这种让你忍不住贷款的小测试，就好像上帝想要看看你是不是真的有羚羊那种紧迫感。这时，你就需要一种"切除手术"了——也就是剪掉你的信用卡。经常有人问我："戴夫，我应该现在剪掉信用卡，还是等到还清债务之后再剪啊？"现在就剪掉它们。你唯一的机会就是彻底改变对债务的看法。无论发生什么，你必须在不欠债的情况下寻求机会或解决问题。必须要停止借贷。如果你觉得不用下决心停止借贷就能摆脱债务，那你就错了。你不可能通过挖坑挖到底来跳出这个坑。

如何让雪球滚起来

有时你的债务雪球并不会滚起来。有一些人做预算时发现，他们的钱只够支付每笔债务的最小还款额，除此之外没有其他的钱可以还欠款额最小的债务了。先别急着让雪球滚起来。我来给你讲个故事，可以更好地帮你理解这个问题以及提出相应的解决办法。我的高曾祖父在肯塔基州和西弗吉尼亚州的山区经营木材厂。在那个久远的年代里，工人们将砍下的木材放进河里，让木材顺流而下漂到木材厂。这些原木会在河湾处堆积，造成河道堵塞。上流漂下的原木逐渐增多，这种堵塞情况会持续加重。有时候伐木工会将原木顺着水流推走，来缓解阻塞。而有时，他们必须采取一些激进的措施，来防止真正的混乱发生。

当情况越来越糟糕时，工人们会用炸药，将阻塞的原木炸开。想象一下，这是一个非常激动人心的画面。当炸药爆炸时，大块的原木和碎片在空中四散。他们花了那么大的力气砍下来的木材，有一些就这么浪费掉了。可是工人们不得不炸掉一些木材，好让更多的木材能够最后运到市场上去。这种情况下必须要有牺牲。有时，当你的预算卡住了，你要做的就是"炸掉堵塞的木材"。你必须用一些激进的手段，让资金重新流动起来。

让资金流动起来的一个方法就是卖东西。你可以通过车库甩卖，卖掉一些家里零七八碎的小物件；在网上卖掉一些不常用的物品；或者通过分类广告卖掉一些珍贵的东西。你要保持住羚羊的那种紧迫感，卖掉的东西越多越好，甚至让你的孩子担心下一个要被卖掉的就是他们。当然，卖东西这个行为会让知道你破产的朋友们觉得你疯了。如果你的预算被"堵塞"了，债务雪球自己滚不起来的时候，你就必须激进一些。

相信我，我看见那些以羚羊般的紧迫感摆脱债务的人也在卖东西。有一位女士，以每条鱼 1 美元的价格，将自己池塘里的 350 条金鱼全都卖了。男人们卖掉了自己的哈雷摩托、游艇、收藏的刀具或者棒球俱乐部会员卡；女人们卖掉了珍贵的非家传古董（不要卖传家宝，因为卖了就收不回来了），或者她们视为这个星球上最必要的私人汽车。除非你的还款额超过每月税后收入的 45%，不然我不建议你卖房子。通常情况下，房子都不是问题。不过我建议大多数人把欠债最多的车卖掉。卖东西（除了房子）的第一原则是，如果在 18 到 20 个月内无法摆脱债务的话，就卖掉。如果你有一辆车或者一艘船，在 18 到 20 个月内没办法还清贷款，那就卖掉吧。这只是一辆车，你需要用"炸药"来打破这个僵局！我也很爱我的车，但是我发现在试图摆脱债务的同时还欠下巨款，就像腿上绑着沙袋去参加赛跑一样。完成你的金钱再生计划，你很快就能用现金买到你想要的任何一辆车。如果因为某个事物让你债务缠身，你就要做出与众不同的决定，但是记住，这么做是为了你以后的生活，或者开的车，都可以不同凡响。

我和我妻子认为，信用卡只是一种生活方式，而且用信用卡购买

任何东西都是很"正常的"行为。度假、租房、汽油、衣物、食物……只要你能想到的，我们都用信用卡支付。最终，所有的费用堆积起来，我们就这样一步一步积累起债务，并且不断增长。就好像一个雪球追着我们跑，而不是我们推着雪球跑。一直以来，我都是让我妻子全权处理家里的开销，自己从来不管，这对她来讲很不公平。然后我们意识到，我们已经欠了3万美元的债务，急需一个金钱再生计划。

我们有 4 张欠款额度不同的信用卡，总计 2.5 万美元，另外还欠了美国国税局 5000 美元。这简直太可怕了。不用说，我们以雷霆万钧的气势，在短短 3 个月内还清了国税局的欠款。我们完成了目前必须还的债，就开始计划偿还信用卡欠款，并且将能挤出来的每一分钱都用于还款。现在除了房子，我们已经还清了其他所有债务，并且建立起 3-6 个月的应急基金。

学会对自己说不，真的是一件很难的事情。作为夫妻，我们第一次明白了制定预算的重要性，并且要严格按照预算执行。听起来简单做起来难，但是回报却是不可估量的。一旦我们习惯了这种生活方式，压力似乎小了很多。我们找到了满足感，比以往任何时候都感到快乐。

我现在知道了，让我们背上债务是我们的错误决定造成的。不能仅仅因为我们俩都同意由她来"掌管账本"，而我就可以当甩手掌柜了。我现在意识到，让她来承担所有的经济责任是错误的。如果夫妻一方一直藏着财务上的小秘密，最好的解决办法是开诚布公，这也是唯一的办法。可能最开始会有些愤怒，甚至有遭到背叛的感觉。然而，只有沟通顺畅之后，婚姻状况才能得到改善。关键在于你们不要放弃，要共同想办法摆脱你们一起惹下的麻烦，享受这段旅程。

杰夫·埃勒（41岁，自动倾卸卡车公司所有者）

特蕾莎·埃勒（41岁，医学经理）

我咨询过的很多人，他们并不愿意用"炸药"打破僵局让资金流动起来，这让我感到很遗憾。对于他们来说，木材永远不会运到市场，他们永远不会变富裕，只是因为他们不愿意炸掉几根原木，好让剩下的可以顺流而下。翻译过来就是："我太爱我那辆愚蠢的车，甚至不愿意为了变有钱而放弃这辆车。"不要犯这样的错误。

还有一种打破僵局的办法，是伐木工人们没用过的办法。如果河水足够多，多到泛滥，就可以将原木从河湾处冲出来。这个比喻可能有些夸张，但是收入的增多确实可以帮你打破僵局，推动债务雪球滚起来。如果你的预算太紧，没办法让债务雪球动起来，你就需要做些什么来增加收入。卖掉让你负债累累的物品可以降低支出，而卖掉其他物品可以在短期内增加你的收入。同样的，加班可以让你增加收入，加快还债的速度。

我不喜欢每周工作100个小时这种想法，但遇到非常之时当用非常之法。如果只是暂时超负荷地工作，你可以通过额外的工作或者加班来解决问题。我在一个大城市的图书签售会上遇到了兰迪。再有两个月，兰迪就能实现债务自由了。他26岁，在21个月内还清了7.8万美元的债务。他卖了车，每天工作10小时，一周工作7天。兰迪并不是医生，也不是律师，他是个水管工。有些律师抱怨说，水管工挣得比他们还多。某些情况下的确是这样的。兰迪个人独资经营的水管维修公司生意红红火火。那天早上，他和妻子还有小女儿来书店的签售会之前，就已经开始工作了。他的妻子面带微笑，带着深深地敬意望着她的丈夫，告诉我去年她都没见上丈夫几面，不过这很值得。你能想象，这么年轻的婚姻就要承担着 7.8 万美元的债务压力吗？现在，他们几乎摆脱了债务。

兰迪的方法很激进，他用增加收入来打破了僵局。他向我保证，一旦债务还清之后，就会将工作的节奏慢下来，花更多时间陪老婆孩子。现在，他们可以全家人一起出门游玩，这是背着债务时完全没法想象的。

有一天晚上我去店里买披萨，一个人从柜台后面拿着要送外卖的披萨走向他的车时，看到我便停了下来，微笑着对我说："嘿，戴夫，我来这工作全是因为你。

戴夫说
坏主意：分开的支票账户

事实上，当你结婚后，你们两人就是一个团队了。当牧师在你的婚礼上说："现在你们两个是一体了"，他并没有在开玩笑。这叫两个人的团结。古老的婚姻誓言说道："我将我所有的财产都献给你。"换句话说就是我给你全部身家，所以，合并你们的支票账户吧。

当你们有分开的银行账户时，是很难做到团结一致。他的钱在这儿，她的钱在那儿，这可不是团队合作，你们仍然活在自己的理财小世界里。

当你们共同花销时，用的是"我们的"钱。我们有收入、支出和目标。只有当你们对于钱的去向达成一致时，你才真正地向达成一致的婚姻迈出最重要的一步，两个人的沟通也会达到新的高度。

当然，这一切都归结于我们对彼此信任。你相信自己的另一半吗？我听说有很多人结婚之后仍然有独立的银行账户，以防另一半离开自己。要是你都不信任这个人，为什么还要和她/他结婚呢？如果真是这样的话，你需要的是婚姻咨询，而不是分开的银行账户！

你的另一半不是你的室友，你们俩也不是合伙做买卖，是婚姻啊！你们不是各过各的，而是要爱彼此，这里面也包括共同的财务目标。而当你们有自己分开的账户时，是很难做到的。

我在 3 个月前就摆脱债务啦！"这不是一个 17 岁的小伙子，这是一位
35 岁想要摆脱债务的中年人。我的团队里有一个单身的年轻人，他非
常迫切地想要摆脱债务。每天下午 5:30 下班之后，他都会微笑着离开
公司，然后晚上继续去 UPS 再工作四五个小时。

为什么这些人都在微笑？这些人如此努力工作，加班的时长简直
令人难以置信，可为什么还都笑得出来？因为他们看到了一幅景象，
一幅与现在与众不同、不同凡响的美好画面。

当滚动雪球时，为退休存钱的计划怎么办

马特在电台节目里问了我另外一个很多人都会问到的，关于步骤
二的问题。他想知道当滚动债务雪球时，自己是否应该停止对 401(k)
退休计划的投入。他非常不想停止这笔投入，尤其是最开始存进的那
3% 的资金，因为他的公司为他提供 100% 的搭配缴款。我是个数学白
痴，知道这种 100% 的搭配缴款是最理想的。但是我看到了更强大的
东西——全身心投入的专注力。如果你有羚羊般的紧张感，并且希望
全力以赴迅速摆脱债务，那么就暂停对退休计划的投入，哪怕你的公
司会提供相应的补贴。从长远来看，专注力和快速获胜，比这种 100%
的搭配缴款重要得多。这只适用于那些已经使出浑身解数，准备好全
力以赴快速摆脱债务的人。

如果你如同羚羊一样保持着紧迫感，那么加速实现债务自由，可
以让你几个月后再次投入相匹配的 401(k) 退休计划。想象一下，要是
没有欠款，你可以再往计划里投入多少钱。如果一个人通过"扔炸弹
炸掉堵塞处"以及时刻保持紧张感，全身心投入还债的话，平均 18 个
月就能还清除房贷之外其他的欠款。根据每个人的债务额、收入、存

款以及开始金钱再生计划的时间点不同，还清债务所用的时间也会不一样。如果你由于某种原因陷入巨额债务亏空的深坑，你才可能会需要继续为退休存钱。财务亏空深坑的定义不是说你不愿意去做，比如菲尔，就不是陷入债务亏空深坑的情况。

菲尔的年收入为 12 万美元，负债为 7 万美元，其中 3.2 万美元是汽车贷款。改变生活方式，把车卖了吧，菲尔。不需要任何借口，菲尔应该在 9 个月内就能还清所有债务。塔米才是深陷债务亏空巨坑的情况。塔米有 7.4 万美元的助学贷款，还有 1.5 万美元的信用卡欠款。她是单身妈妈，有三个孩子需要喂养，每年收入才 2.4 万美元。塔米的债务雪球要滚上好几年才能起效。她会找到滚动雪球的方法，但是她的情况也是极其特殊的，她应该利用搭配缴款继续 401(k) 退休计划。

当你不得不动用应急基金时怎么办

夏天的时候彭尼的空调坏了。她从应急基金里拿出 650 美元来进行维修。"幸亏有这 1000 美元的应急基金。"彭尼长叹一口气。那么现在她该做什么呢？是继续滚动债务雪球，还是停下来回到步骤一（存1000 美元）呢？彭尼需要暂停滚动债务雪球，她需要继续支付最小还款额，然后回到步骤一，直到存够 1000 美元的应急基金。不然的话，当汽车发电机坏掉，她却没有任何存款的时候，就说不定要重新开通一个信用卡账户。这个道理同样适用于你。如果你使用了应急基金，回到步骤一，直到存够了初始应急基金，再回到步骤二滚动债务雪球。

第二笔按揭贷款、商业债务以及出租房产抵押贷款

由于债务合并贷款以及一切其他的错误行为，很多人有房屋权益

贷款，或某种金额较大的第二笔抵押贷款。这种贷款应该怎么处理呢？是放在债务雪球里，还是仅仅看作抵押贷款而不在这一步处理呢？这笔钱肯定是要偿还的，问题就是在哪一步里操作。一般来讲，如果你的第二笔按揭贷款超过年收入总额的50%，就不应该将其放入债务雪球里。这一点我们稍后再讲。如果你每年能赚4万美元，第二笔按揭贷款为1.5万美元的话，你就应该将其放入债务雪球中，现在就解决掉。不过如果年收入相同但第二笔按揭贷款为3.5万美元的话，就需要在其他步骤来进行处理。顺便说一句，如果你有办法能降低第一笔和第二笔按揭贷款的利率的话，最好考虑将这两笔贷款一起重新融资，然后总金额抵押贷款15年，或者放在第一笔按揭贷款剩余的年限上，看哪个利率低就用哪个。（例如，你的第一笔按揭贷款还剩下12年，利率9%。将第一笔和第二笔按揭贷款重新融资为一笔新的按揭贷款，利率6%，年限为12年或者更短。）

很多小企业主都有债务，并且想了解如何在债务雪球这一步来处理。大部分的小企业债务都是个人担保的，其实就是个人债务。如果你在银行有一笔1.5万美元的小企业债务，或者用信用卡借贷这笔钱用于自己的小买卖，这就是你自己的债务。像对待其他债务一样对待小企业债务。将其和你其他的债务，按照欠款金额从小到大排列出来，放在债务雪球里。如果你的企业债务超过了年收入总额的一半，或者住房抵押贷款的一半，那么这笔债务就要放到以后来偿还。在这一步里，我们要偿还的是中小型债务。

唯一需要推迟偿还的是出租房产抵押贷款。停止购买更多的租赁财产，将这笔债暂时放到以后来偿还。在之后的步骤中还清了房屋贷款之后，再开始滚动租赁抵押贷款的雪球。将租赁债务欠款金额从小到大排列出来，集中精力偿还欠款额最小的债务，还清之后再进行下一个。如果你有好几个，哪怕只有一个租赁财产，最好考虑卖掉一些或者全部卖掉，然后用这笔钱来偿还你持有的房产，或者债务雪球里的其他债务。拥有 4 万美元的信用卡欠款和 4 万美元的净资产租赁是非常不合理的。我也希望，你不会用信用卡借 4 万美元买租赁财产。既然两者的效果是一样的，那么你为什么还要这样做呢？

> **戴夫说**
>
> 上帝希望人们走向这个方向，也会祝福那些正在奔向这个方向的人。

住房抵押贷款、第二笔大型按揭贷款、商业贷款和出租房产抵押贷款，是在步骤二债务雪球里暂时不需要还清的贷款。只要我们保持羚羊的紧张感、全神贯注、做出极大牺牲、售卖物品并且做些额外的工作，就可以还清债务。再次重申，如果你的激情被点燃，通常可以在 18 到 20 个月内还清贷款。有些人可能会更快，有些人则需要稍微长一点的时间。如果你计划的雪球滚动的时间比较长，不要害怕，可能实际用到的时间不会像算出来的那么久。有些人找到了缩短雪球滚动时间的方法，上帝希望人们走向这个方向，也会祝福那些正在奔向这个方向的人。就好像你正在路上快走或者快跑，突然脚下出现了一条自动人行道，这会载着你以更快的速度向前狂奔。

债务雪球是你整个金钱再生计划里最重要的一步，原因有两个：第一，你在这一步中解放了最强大的财富积累工具——你的收入；第二，你通过对债务宣战，抵制了美国金钱文化。通过偿还债务，你表明了对待债务的立场，也表明你内心深处的金钱再生计划已经开始，为这个计划的胜利铺平了道路。

08 | 完成应急基金计划：赶走墨菲定律

闭上眼睛，想象一下当你走到这一步骤会是什么样子。大部分保持羚羊的紧迫感的人，在执行金钱再生计划后，平均18到20个月会到达这一步。当你到了这一步，你有1000美元现金，除了房贷，其他债务均已还清。你的全神贯注推动了雪球滚动，同时你也有了前进的动力。再次闭上眼睛深呼吸，想象一下手上有1000美元现金，除了房贷没有其他贷款是什么感觉。你在笑，对吗？

你最大的财富积累工具就是你的收入。如能善加控制，你就会看到它的力量。现在，你除了房贷没有其他欠款，循序渐进法的第三步马上就要开始了。

步骤三：完成应急基金计划

一笔充足的应急基金可以满足3到6个月的开支。在没有收入的情况下，你需要多少钱支撑3到6个月的生活？像我这样的理财顾问和理财顾问，已经使用这个经验法则很多年了，对于金钱再生计划的参与者来说也非常适用。

　　你的应急基金始于 1000 美元，但是一个完整充足的应急基金通常在 5000 美元到 2.5 万美元不等。一个月收入为 3000 美元的家庭，应急基金最少要 1 万美元。当你除了房贷没有其他欠款，在遇到紧急情况时手上还有 1 万美元存款，将会是什么感觉呢？

　　还记得前几章我们说过的紧急情况吗？天会下雨，你需要未雨绸缪。别忘了，《财富》杂志曾经说，78% 的人在未来 10 年的时间里会遇到意想不到的大事。当大事发生，比如被公司裁员或者汽车发动机故障，你是不能依赖信用卡去解决问题的。如果你用债务来应对紧急情况，就又回到老路上了。一个精心设计的金钱再生计划会让你永远摆脱债务。财务方面的坚实基础就包括一笔大额存款，而且是只用于紧急情况的存款。

　　离婚后，我身怀六甲，无家可归，还要独自抚养 18 个月大的儿子。除此之外，我还得被迫接受这场失败的婚姻所带来的所有债务！我从两份收入一个娃，变成了一份收入两个娃。出于生活的窘迫，我开始依靠信用卡生活。随着时间的推移，我背上了一大堆债务。我搬到了公共住房并在那里住了两年，努力照顾我的孩子们，同时还得及时支付账单。

　　无法养家糊口让我感觉很难受。我想给孩子们更多。他们没有生日聚会，也没有这个年纪的孩子都有的小玩意儿。他们从来没有一个可以称作为家的地方，这也是我想要摆脱债务的最大动力。

　　我亲身体验到了应急基金的重要性。当我的卡车抛锚时，我这一生中第一次在银行里有了钱。我不用通过负债来解决问题，也不会影响我的收入。我只是付了修车的钱，然后尽快将应急基金补充全。之后又回到了还债的计划里。虽然这个过程很花时间，也很无聊，但是为了应急基金带来的这份保障，付出是值得的。

建立应急基金并不容易。每当我存一点钱在应急基金里时，总会有事情生，以至于我不得不再次动用这笔钱。但是现在，每当我使用应急基金后，都会将其补充完整，这已经是一套标准做法了。应急基金在遇到困难时可以帮助我的家庭度过难关，也避免了我进一步陷入更深的债务当中。

丽贝卡·冈萨雷斯（28 岁，人事助理）

我要再次重申一个问题，如果你想让金钱再生计划能够长久地进行下去，这一点至关重要。当你遭遇危机的时候，就是借款的最坏时机。如果你在经济衰退的时候丢掉工作（读作"没有收入"），你肯定不想再背上一大堆债务。最近的一次盖洛普民意调查显示，56% 的美国人表示如果发生了紧急情况，他们会从信用卡上借钱，因为这并不难。我同意用信用卡借款并不难，因为信用卡公司每年都会给狗和去世的人发信用卡，但并不代表使用信用卡是个明智的举动。如果你没找到新工作，那么偿还欠款甚至还清债务将会非常困难。一项国家金融安全指数调查发现，49% 的美国人如果一旦失去收入，只能支付不到一个月的生活开支。也就是说一半的人在生活环境和自身状况之间没有任何缓冲余地。这时候"墨菲"就来了！还记得我们曾经讨论过，当你有充足的应急基金时，各种情况和问题的出现似乎（我觉得实际上也是）就不那么频繁了吗？别忘了，应急基金实际上是排斥墨菲定律的最佳手段。

那么，什么才是紧急情况？紧急情况指的是你完全没法预测的情况，如果不及时应对，就会对你和你的家人造成巨大影响。比如在意外发生后要支付的医疗保险、房租或者汽车保险的免赔额、失业或业务规模缩减、不可预见的医疗问题所产生的医疗账单，或者你正在开的车发生变速箱或者发动机故障，等等。你"需要"的某样打折商品不是紧急情况；除非你住在船上，不然修理一艘船也不是紧急情况；"我想要创业"不是紧急情况；"我想要买辆车或者真皮沙发或者去坎昆玩"不是紧急情况；舞会穿的服装和大学学费也不是紧急情况。注意，不要将使用应急基金购买某些本该存钱购买的东西变得合理化。从另一方面讲，也不要在应急基金充足的情况下，用债务偿还的方式支付意外产生的医疗账单。如果你费尽力气建立好了应急基金，一定要确保自己非常清楚哪些属于紧急情况，哪些不是。

在使用应急基金之前，先从所处的情况跳出来，冷静一下。莎伦和我绝对不会在没有讨论并达成一致的情况下，动用应急基金；也不会在仓促下和没有祈祷之前，使用应急基金。我们的共识、祈祷和冷静期，都会帮助我们判断一个决定是否合理、是否正确、是否真的在处理紧急情况。

应急基金必须易于变现

把你的应急基金存放在流动性好的地方。流动是一个金融词汇，指的是易于使用并不会产生额外费用。如果你因为使用这笔钱产生的额外费用而犹豫要不要使用，那么你就放错地方了。我使用成长型股票共同基金作为长期投资，可是我永远不会将应急基金放在这里。假如我的汽车发动机坏了，可能我更倾向于借钱修车，而不是从共同基金里取现，因为市场呈下跌状况（我们总是想要等到市场回升再使用）。这就意味着我把应急基金放错了地方。共同基金是一项非常好的长期投资，但是由于市场波动，你很可能在市场下跌的情况下遇到紧急情况，那么墨菲又来了。所以，要让你的应急基金保持流动性！

同理，不要将应急基金存为定期存款，因为提前取款通常会产生额外费用。不过也有例外，如果是"快速放款"的定期存款，那么在承诺期限内取款是不会被收取额外费用的。如果是这种提前取款没有额外费用产生的快速放款定期存款，那么就可以将应急基金以这种方式存储。有一点要搞清楚，你不要拿应急基金来"投资"，只是存在一个安全并易于使用的地方而已。

如果你已经将应急基金存错了地方的话，那么当紧急情况真的发生时，就要好好动动脑子了。克里斯汀是一位69岁的老奶奶，她告诉我她选择了贷款支付来修理汽车变速器，因为不想支付定期存款提前取现所产生的罚息。这是她那个"聪明的"银行家给她的建议，而她也完全信任他。可问题是，哪怕真的支付了提前取现所产生的罚息，对于克里斯汀来讲，将定期存款提现仍是更好的选择。修理费为3000美元，她的定期存款利率为5%，提前取现的手续费是利息的一半。也就是说，她的银行家以9%的利率给她贷款3000美元，只为了避免损失2.5%的提前取现手续费。这可不是什么明智的建议。说实话，我觉得这也很不厚道。语言的力量很强大，毕竟我们谁都不愿意"被惩罚"。当情绪占上风时，克里斯汀失去了思考的能力，盲目的信任让她做出了糟糕的决定。

我建议你开一个没有取现罚款，同时有完全签发支票特权的货币市场账户，来存放应急基金。我们的一大笔家庭应急基金，就存在一个共同基金公司的货币市场账户里。无论你在哪里购买共同基金，都可以在其网站上找到货币市场账户，而且利息相当于定期存款一年的利息。我觉得银行提供的货币市场账户并没有什么竞争力。虽然联邦存款保险公司（FDIC）并不为共同基金的货币市场账户提供保险业务，但我还是保留了自己的账户，因为我还从没听说过哪家公司的账户会倒闭。要记住，最重要的事情不是赚得利息，而是这笔钱可以用来应对紧急情况。你以后会通过其他方式积累财富，而不是利用这个账户来完成的。这个账户不是用来投资的，而是针对意外事件的保障。

有时候，即便我将这件事解释过了，还是有人会问能不能用储蓄债券、债券或其他"低风险"投资等形式存储应急基金。这些人还是没有明白我的意思。再次重申，应急基金并不是用来创造财富的。你的确会通过这个账户得到一些投资回报，但是这笔钱存在的目的不是让你变有钱。应急基金的宗旨，是保护你不受暴风雨的侵害，给你带来内心的平静，并且防止下一个发生的问题变成债务。

准备多少钱合适

你的应急基金应该有多少钱呢？我们之前说过，这笔钱需要足够支付 3 到 6 个月的花销。可是到底应该 3 个月还是 6 个月呢？如果你仔细思考一下这笔基金的目的，就能更好地做出正确决定。基金存在的目的是要吸收风险，所以你所处的情况风险越高，应急基金应该越多。比如，如果你完全赚取佣金或者自主创业，你应该按照"6 个月法则"来建立应急基金；如果你单身，或者已婚但是家庭收入只有一份，也要按照"6 个月法则"，因为你一旦失业，就意味着 100% 失去了整个家庭的收入；如果你的工作不稳定，或者家里有人有某种慢性疾病，也要按照"6个月法则"。

我在政府项目资助房里长大，很长一段时间内，我都认为一辈子可能就这么过了。然而在我24岁的时候，上帝给了我一份挑战自我的工作，并且不断地推动我跳出固有的模式思维。我开始收听广播里的

新闻和政治讨论。有一天，我无意中听到了一个很有趣的白人主持的节目，这个人叫戴夫。

听了戴夫的节目之后，我和我妻子花了好几年的时间才参与进来。当我们最终决定进行金钱再生计划时，最困难的部分就是拼尽全力立刻还清所有债务。我们仍然用信用卡进行购买，这让我们总是回到起点。当我被解雇的时候，真正的问题出现了，我们入不敷出了。我觉得自己特别失败，因为我知道如果坚持戴夫的计划和建议，我们的处境会好太多。

我被裁员之后，我们挣扎了好一段之间，直到我找到了新工作。不过，我们现在已经没有债务了，因为我们大家一起努力，尽自己一份力量，确保了现在和将来财务上的成功。我们需要极高的自我责任意识！最开始我们经常吵架，但是随着我们一起解决了很多问题，我们的沟通变得越来越顺畅。我们耐心且认真地对待预算，这让我们现在就有所获益了！

我的家人们充分意识到了没有债务对生活的重大影响。我们还清债之后的一个月，我又被解雇了。但是这次的情况却完全不同。我们

没有任何财务上的担忧和压力，内心一片平静。只有你自己亲身经历过，才能感受到这种无法想象的惊人力量。

詹姆斯·阿特伍德（32 岁，列车管理员）

塔比瑟·阿特伍德（31 岁，采购助理）

如果你在一家公司或者政府机构"稳定且安全地"工作了 15 年，家里人也都很健康，那么你可以倾向按照"3 个月法则"建立应急基金。房产经纪人应该遵循"6 个月法则"，而一名工作很多年，并打算继续工作的健康的邮政工作人员，可以考虑"3 个月法则"的基金。根据你的情况以及另一半对于风险的感觉，个性化定制你的应急基金。很多时候，男人和女人对待风险的态度是不同的。建立应急基金的目的是获得实际的保护和内心的安宁，所以如果你的另一半想要基金里的钱更多，你最好听她 / 他的。

我们说的是用 3 到 6 个月的支出，而不是用 3 到 6 个月的收入来衡量，因为这笔钱是用来支付任何开销，而不是代替收入。如果你突然生病或者失业，你需要在情况好转之前保证家里的灯是亮的，餐桌上还能摆上食物。不过你可能要停止投资，而且要绝对停止预算中不必要的支出，直到紧急情况结束。当然，如果你刚刚开始进行金钱再生计划，你的支出可能和收入持平。当你实现债务自由之后，你投入了恰当的保险，有了大笔投资，你就可以靠着低于收入的钱来生活了。

使用所有可使用的现金

在循序渐进法的步骤二里，我指导你使用所有非退休储蓄和投资来还债。实现除了房贷以外，没有其他债务的状态。使用类似于退休计划这种，不会因为提前取现而被收取额外费用的储蓄和投资。如果你在步骤二（债务雪球）使用了自己的全部积蓄，甚至在步骤一（存1000美元）就已经用光了应急基金，那么现在是时候，将用于还债的所有钱，用于重建你的应急基金了。我经常遇到这种人，例如他在银行里有6000美元存款，利率2%，可是信用卡上还有1.1万美元欠款。要是让他用5000美元的积蓄来偿还部分信用卡欠款的时候，抉择就非常难。这6000美元应急基金是你的保护伞，当像我这样的人提出，应该用这笔钱滚雪球还债时，那种恐惧会从心底油然而生。你有理由感到恐惧，而且也有理由质疑是否应该用5000美元来还债。只有当你和你的整个家庭都在进行金钱再生时，你才应该使用这笔钱。唯一使用这笔钱的理由，是你有羚羊般的紧迫感、制定预算、卖掉让你债务缠身的汽车，以及全身心投入到金钱再生计划的承诺。

让所有人都进入状态

雪莉打电话到我的电台节目，说她丈夫想要将1万美元应急基金中的9000美元用于循序渐进法的第二步骤债务雪球计划，但同时他还想留着2.1万美元的卡车贷款，而他们的家庭年收入只有4.3万美元。雪莉对我的荒唐建议非常生气。我可没有提过这个建议，而且我认为在这种情况下使用9000美元来滚雪球，对于他们来讲无疑是个糟糕的举动。我反对使用这笔存款，是因为她丈夫根本没有进入状态。他既想参与到部分的计划里，又想留着那辆没有意义的卡车。在雪莉这个案例里，不建议使用应急基金主要有两个原因：第一，她的丈夫还没有从心底里接受金钱再生计划，除非他打心眼里接受，不然无论用什么策略，他们都不会还清债务；第二，我们来简单算一下，如果在年收入 4.3 万美元的情况下还留着这辆车，那么他们只能有一笔很小的应急基金，而且还要负债很多年。这就好像我的妻子一边吵吵着要我减肥，一边每天晚上都要烤巧克力曲奇一样。这就是典型的说一套做一套。

如果你家里并不是所有人都参与金钱再生计划，那么我不建议你花光积蓄来还债。如果你计划步骤二债务雪球要花 5 年的时间来完成，我也不建议你用尽积蓄还债。不过，如果你保持着羚羊般的紧迫感并且按计划执行，很少有人在步骤二上花很长时间。如果 18 到 20 个月里，你的家庭要承受着生活的风吹雨打，而只有 1000 美元应急基金的话，那也不要紧。你应该用所有积蓄来实现债务自由，或者加速债务雪球的滚动。

我知道，即便所有人都统一战线，有足够的紧迫感，还有一定的计划，我的建议仍然会吓到一些人。这很好。难道你不觉得恐惧是让你具备羚羊般紧张感的原因之一吗？在很短的一段时间内，你要滚动债务雪球，还要重建步骤三里面的应急基金，这种恐惧就是保持专注力的动力，让每个人都为之行动起来。

戴夫说

你害怕投资的原因是你不知道你会遭遇什么。学一点投资吧。

好消息是，雪莉的丈夫收听到了我和雪莉的对话，突然开窍了。他卖掉了"他的"卡车，她也花掉了"她的"积蓄。14 个月后，他们摆脱了债务；18 个月后，他们不仅摆脱债务，还建立起充足的应急基金。雪莉给我发了一封邮件，讲了这段旅程里一个有趣的小故事。她说他们还清了债务，并且用还债的那种紧迫感开始重建宝贵的应急基金时，他们一个十几岁大的孩子说想要一台电脑。雪莉还没来得及说什么，她丈夫一胳膊揽住孩子的头，开玩笑似的大喊着，在应急基金没有到位之前，家里不能添置任何东西。这一刻雪莉笑了，因为她知道不仅应急基金很快就回来了，而且她的丈夫也明白了这笔钱对于她来讲有多么重要。她愿意将所有的钱都用来执行金钱再生计划，但前提是这个"所有"得把两个人都包括其中。

男性与女性的不同态度

不同性别的人对应急基金的看法也不同。一般来说，男性更注重完成任务，而女性则更注重安全。男人们更喜欢知道"做什么"，所以我们当中很多人，对于只是把钱放在那里就会产生安全感这种想法很不理解。我见到的绝大多数女士，当谈到有 1 万美元来应对紧急情况时，都会露出笑容。很多女性朋友都说，她们家的金钱再生计划里，最好的部分就是应急基金和人寿保险了。

男士们，咱们得好好聊聊这件事。在应急基金这个问题上，上帝将女人们创造得更好。女人的天性使得她们被应急基金所吸引。在女人们的身体里某个地方，都有一个"安全腺体"，当出现财务压力时，腺体就会产生痉挛。这个痉挛的腺体将会以你无法预知的方式影响到你的妻子。痉挛的安全腺体会影响她的情绪、注意力，甚至爱情生活。很明显，这个安全腺体附着在她的脸上。你能从她脸上看到财务压力吗？相信我，男士们，应急基金将会是你做过的最好的投资。一笔充足的应急基金，加上一个正在进行金钱再生的丈夫，会让她放松安全腺体，也让你的生活更美好。我的朋友杰夫·艾伦是一名喜剧演员，多年来一直秉承着"老婆开心，生活舒心"的至理名言。所以你的底线就是，即便还没有应急基金，也要将其建立起来。

之前我也说过，当年我和莎伦破产了，失去了一切，陷入崩溃的边缘，所以你可以想象这个话题在我家里能有多么敏感。我们的财务危机完全是因为我造成的，莎伦嫁给我之前，就亲眼目睹我搞砸了房地产生意。我们关系中的创伤之一，就是安全问题。当她看到新生儿和蹒跚学步的孩子，并且对于我们的生活不知道怎么办才好的时候，她的情绪会让她再次产生恐惧。这是她心里的敏感区，而且她也有充分的理由敏感。我们甚至不用应急基金来应对紧急情况。缓解这个伤口的解药之一，就是我们对应急基金本身也建立了一个应急基金。如果我靠近放有应急基金货币市场支票簿的抽屉时，莎伦的安全腺体就会紧绷。

作为一个训练有素的投资专家，我肯定知道把这笔钱放到哪儿能赚得更多。可是我要这么做吗？记住，个人理财针对的是个人。我终于意识到，这笔超额应急基金为莎伦带来的内心平静，是最好的投资回报。男士们，应急基金就是送给你们妻子最好的礼物。

应急基金可以化解危机

你已经做了多年预算，金钱再生计划也彻底改变了你的理财习惯，而使用到应急基金的机会也不断减少。我们已经十几年没动过应急基金了。最开始的时候，任何事情对于我们来说都是紧急情况。可是当你从人生谷底往上爬，加之金钱再生计划开始起作用，每个月制定的预算几乎可以涵盖所有要做的事情。不过最开始的时候，你可能跟我们当初一样，所有事情都是紧急情况。为了让你更好地理解，请阅读下面发生在循序渐进法里的两个完全不同的小故事。

金 23 岁，单身独居，有一份年薪 2.7 万美元的工作。最近她开始了自己的金钱再生计划。她拖欠信用卡还款，没有预算，而且由于支出失控，她几乎付不起房租。她放弃了汽车保险，因为"负担不起"。她做了人生当中第一份预算计划，可是两天后她就开车发生了交通事故。还好不算太糟糕，只需要 550 美元就可以补偿对方车辆的损失。金惊慌失措地看着我，眼泪流个不停，仿佛那 550 美元和 5.5 万美元没有什么两样。她甚至还没有开始循序渐进法的第一步骤。她的确在努力解决眼前的问题，可是目前在开始之前，她又多了一个新的障碍需要解决。这绝对是个巨大的紧急情况。

7年前，乔治和莎莉也面临同样的状况。他们有个孩子呱呱坠地，却破产了，乔治的事业也岌岌可危。两个人历尽艰难，勉强完成了金钱再生计划。现在他们已经没有任何负债了，8.5万美元的房贷也还完了。他们还有1.2万美元的应急基金，在罗斯个人退休账户有了存款，连孩子上大学的钱都准备好了。乔治也成熟了很多，他的事业蒸蒸日上，每年可以赚7.5万元，这样莎莉可以在家专心带孩子。有一天，乔治开车走在州际公路上，一块垃圾从他的汽车后备箱里飞出来，砸在后面一辆汽车上。那辆汽车的损失大概为550美元。

我想你已经看明白了。对于乔治和莎莉来说，他们可能需要调整当月的预算，就可以支付修理费了，可是金却需要花费好几个月来处理这件事。这个道理的关键点在于，如果你处在更好的状态下，只有发生极重大事件才能撼动你的世界。当发生意外时，乔治的心率不会有任何变化，可是金却需要吃安定药片来让自己冷静下来。

这两个真实的故事告诉我们，随着金钱再生计划的推进，你的经济状况越来越好，需要用应急基金来应付的紧急情况的定义就发生了变化。当你有了更好的医疗保险、伤残保险、充裕的预算和更好的车时，那些需要应急基金来处理的紧急情况会变得越来越少。

曾经巨大的、让生活崩溃的事件，会变成生活中的一点小麻烦。当你没有任何债务，并且大肆投资积累财富时，你只需要停止投资几个月，就可以给爱车换个新的发动机。之前我说过，应急基金是墨菲定律的抑制剂，也不完全正确。事实上墨菲来的不频繁，哪怕来了我们也很难注意到。当莎伦和我破产的时候，我们的冷热空调坏了，维修要 580 美元。这对于当时的我们来说，绝对是一件天大的事儿。最近我花了 570 美元安装了一个新的热水器，因为原来的那个漏水，而且这些钱对我完全没有产生任何影响。我在想，是不是金钱再生计划释放了压力，这样我们才能长命百岁呢？

为什么需要应急基金

关于循序渐进法的步骤三，有些事情要说明一下。关于是否要停止步骤二债务雪球计划，先完成应急基金的建立。乔最近就问了这个问题，他妻子怀了双胞胎，预产期就在 6 个月之后。布莱德所在的工厂 4 个月之后就要关闭了，他即将面临失业。上周迈克的公司裁员，他拿到了一笔 2.5 万美元的遣散费……这三个人都需要暂停债务雪球计划，先集中精力解决应急基金的问题，因为我们都能看到他们的生活正乌云密布。一旦暴风雨过去，他们就可以恢复原来的计划。

恢复计划对于乔来说，意味着一旦孩子健康出生，安全回到家，在每个人状态都很好的前提下，将应急基金降至 1000 美元，多出来的钱全部用于继续滚动债务雪球。对于布莱德来说同理，一旦找到了新工作，他就可以恢复原来的计划。而迈克在重新被雇佣之前，要一直保持着 2.5 万美元的临时应急基金。越早找到工作，这笔遣散费对他来说越像一笔奖金，会对债务雪球计划产生重大影响。

有时人们认为不需要应急基金，因为他们的收入有保障。理查德从军队退役之后，每个月能拿到 2000 多美元的补贴，他觉得即便丢了工作也能衣食无忧。他认为自己不需要应急基金，因为所有的紧急情况都是和工作相关的。结果他出了交通事故，还在同一个月内被裁员。虽然他每个月仍然有 2000 美元，可是却面临着汽车债务。就算你的收入有保障，也仍然需要面对一些突发情况，比如要帮助生病的亲人，在隆冬时节需要更换供暖系统，或者换一台新的变速器，等等。与工作无关的大型预算外紧急情况的确会发生，因此你需要应急基金。

如果你没有自己的房子

我一直在说，在现阶段除了房贷之外，要达到其他债务清零的状态，并且完成应急基金的建立。可是如果你还没有自己的房子呢？什么时候可以开始为首付存钱呢？我会尽可能说服你们所有人接受 100% 首付款计划，但是我知道，很多人还是更倾向于 15 年期限固定利率抵押贷款，我之前说过，这样也是可以的。

我喜欢房地产，但是在你没有完成这一步之前，先不要急着买房子。有自己的房子是好事，但是如果你搬进一座负债累累的房子，还没有应急基金的话，墨菲就会住进你闲置的卧室里不走了。我相信拥有自己的房子，无论从经济还是情感上都是有好处的。但是我认识过很多压力过大的年轻夫妇，还没准备好呢，就急匆匆地买房了。

只有当完成了第二步骤，实现债务自由，并且完成第三步骤应急基金的建立之后，你才可以为首付存钱或者现金买房。所以为首付存钱就是你的步骤三（b）。如果你真的想买房，就要在买之前为房子攒钱。

很多人都担心买房，我希望拥有自己的房子对你来说是祝福而不是诅咒。如果你在破产的时候还要买，那的确是诅咒。有很多人都想趁着这个机会"帮助你"，让你更快实现买房的愿望。不过所谓"金融创新"，实际上是针对"穷得买不起房"的人。

下一站：严肃对待财富的建立

那么现在，你做到了这一步。除了房贷，你已经还清了其他所有债务，并且有了 3 到 6 个月的支出存款。对于一个充满羚羊般紧迫感的家庭来讲，想要彻底完成这一步，需要 24 到 30 个月的时间。也就是说开始金钱再生计划两年到两年半之后，你可以安心坐在餐桌前，除了房贷没有其他任何欠款，而且货币市场账户里有大约 1 万美元的存款。请再次闭上眼睛，想象一下这个场景。哇，我都看见你笑了。

我是个单亲妈妈，带着两个孩子，有自己的公司，除了房子之外已经还清了其他所有贷款！可最开始的时候并不是这样的。

20 岁的时候，我怀了第一个孩子，当时觉得我的人生完了。我已经念完了两年大学，不知道如何一边带娃一边完成之后的学业，于是我退学了。第二年，我经历了可怕的离婚。当时我都不知道自己要怎么办！

我每个月只有 400 美元生活费，一切开销都用信用卡。后来我回到学校疯狂学习，用了一年半的时间毕了业。虽然我有广告方面的学位，可仍然找不到心仪的工作。所以在 23 岁的时候，我决定开始自己的清洁事业。

消息传开了，我的生意慢慢有起色。当时我的最低负债都有 10 万美元。然而在过去的 6 年里，我一直努力工作，最终还清了债务！为了还债我经常加班，但是这一切都值得！

现在，我没有汽车贷款，并且有保额为 200 万美元的定期人寿保险和伤残保险。我对此非常开心。我实现了债务自由，孩子们可以去私立学校，并且我已经制定好了退休计划。每个月我都会拿出 3000 美元，用于孩子教育、应急基金和投资。现在我把房子放在市场里然后在外面租房，这样可以为下一个房子攒一大笔首付。我的目标是在 35 岁的时候没有任何债务，包括房子！

奥特姆·基（29 岁，南方清洁公司所有人）

我对于遵循金钱再生计划中的原则和步骤有非常高的要求，也非常有激情，因为我看到有人（就像书里面写的这些人）通过金钱再生计划获得了成功。当然我也听过各种借口、抱怨的理由，解释你为什么与众不同，为什么有更好的办法。但是请相信我，你并没有。遵循原则的好处是让生活变得更简单。有人说过，当一个人按照原则来指导自己的生活时，他就已经做出了 99% 的决定了。

一旦我们完成了这些基本步骤并且打下基础，就到了积累财富的时刻了。记住，这也是我们要开展金钱再生计划的原因。我们想要的不仅仅是摆脱债务，还要足够有钱，这样就可以捐赠、有尊严地退休、留下一大笔遗产，并且满足奢华的爱好。请不要"换频道"，精彩节目马上继续。

09 | 最大化退休投资：保持生活中的财务健康

我有个朋友，40多岁，身材健美，绝对是穿衣显瘦脱衣有肉的那种。不过他不是个健身狂。他平时会注意饮食，每周锻炼几次而已。我的另一位朋友才30多岁，吃得非常好，每天跑步，每周还要练习举重三次，可是他还是超重了40磅。第二个人几年前就开始了他的健康之旅，现在正在减肥塑形。而第一个肌肉男现在并没有每天都努力健身，只是一直保持多年来的习惯而已。

金钱再生计划也是如此。想要获得财富，就要保持羚羊般的紧迫感，只要一些简单的维护，就可以保持住金钱的"肌肉"。要记得，那个肌肉男从来不会一顿饭吃三大盘。他仍然意识到有一天会失去这样的健美身材，可是只要他记得当初给他带来好身材的原则，就可以不用付出太多努力，就能保持住现在的良好状态。

羚羊般的紧迫感让你摆脱沉重的债务，并且帮你准备好了应急基金。这个基础可以让你通过锻炼肌肉来获得经济上的健美身材。你已经集中精力将债务还清，还用还债后余下的钱建立起了应急基金。现

147

在正是你的关键时刻。这两项任务完成之后，要怎么处理余下的钱呢？现在还不是享受的时候！你的计划正在帮助你实现成功，所以坚持住！你已经进入了四分之一决赛了。现在要把最终目标提上日程，是时候开始投资了！

对退休的错误认识

在金钱再生计划里，为退休而投资并不一定意味着为辞职而投资。如果你讨厌自己的工作，那就换一个。你应该掌控自己的生活，去做一些能让你保持激情并发扬天赋的工作。在美国，退休的内涵已经变成了"存足够的钱，这样我就可以辞了这份讨厌的工作"。这绝对是个糟糕的人生计划。

哈罗德·费舍尔先生在 100 岁的时候，仍然在自己创立的建筑公司每周工作 5 天。费舍尔先生可不是因为需要钱才工作的。他工作完全是因为享受工作的乐趣。他是一名教堂设计师，最喜欢说的是："退休早的人死得早。""要是退休了，我能干点啥呢？"他问。哈罗德·费舍尔经济有保障，还能做自己想做的事，这也是金钱再生计划里"退休"的定义。

谈到退休，我想到的是安全感。安全感意味着有选择权。（这也是为什么我认为退休意味着工作仅仅是一种选择）你可以选择写书、设计教堂，或者享受天伦之乐。想要达到这个目标，你需要让你的钱比你更努力工作。金钱再生计划的退休目标就是通过投资来摆脱后顾之忧。你已经有了允许辞职的经济实力，如果你真的不喜欢现在的工作，就要考虑辞职了。如果现在无法办到，那就给自己定一个 5 年计划，过你想过的生活。千万不要等到 65 岁才开始做自己喜欢的事情。

简单说，关键问题在于钱。只有做好计划，才能保证你在经济上可以在退休后有尊严地活着。员工福利研究中心（Employment Benefit Research Institute）的研究表明，超过70%的美国人说自己没有退休储蓄，40%以上的人从来都没有计算过需要多少钱才能有一个体面的退休生活。也就是说我们不仅对体面退休无所作为，而且完全失去了希望。美国消费者联合会 (Consumer Federation of America) 发现，在年收入低于3.5万美元的人群中，40%的人认为，想要在退休时能拥有50万美元，唯一的办法就是中乐透彩票。嘿！这些人绝对需要对金钱进行一个大改造！不仅如此，人们对生活还有另外一个扭曲的看法。《财富缔造者》杂志调查发现，80%的美国人相信退休后的生活水平会提高。尽管如此，CNN发现56%的工作者的存款都少于2.5万美金。这简直是痴人说梦话！

　　我出身贫困家庭，所以明白金钱很宝贵。是奶奶把我带大的，她每天都为了养活我们而努力奋斗。很早她就教会了我，未雨绸缪有多么重要。

　　我的第一份工作是摘棉花。最后我终于在一家天然气公司找到了工作，并且一直在这里工作了35年。我的年收入从来都没达到过6万美元，不过我总是将薪水的10%投入到股票购买计划中，并且用这个计划代替了401(k)退休计划。一开始，我觉得自己担负不起将这么多薪水都用于退休计划，可是后来我发现，从长远来看，我必须这么做。

　　这份工作做了35年之后，我终于可以在58岁退休了。这比正常退休年龄早了7年，我的退休账户里还有大概100万美元！退休之后，我自己建了一个工作室，经常花大量的时间做一些修补工作，纯粹为了开心。我和我妻子甚至跑去西部度了一个月的假，因为这是我们一直想做的，而且我们现在也有钱这么做！

我们之前每个月都专心存一笔小钱，而不是和别人攀比，使得我们现在可以在余生里自由地做自己想做的事！

吉姆·罗宾森（64 岁）

凯·罗宾森（60 岁）

均已退休。

吉姆曾经是天然气公司的技术员，

凯曾经是护士，现在是全职妈妈

然而现实却更残酷。据《今日美国》报道称，65 岁的人有 97% 开不出金额超过 600 美元的支票，54% 仍在工作，只有 3% 的人有经济保障。65 岁及以上的人群的破产率在 10 年间增加了 244%。人都会变老的！想要过上体面的退休生活，现在必须开始投资。将获得安全感作为长期目标来投资，不是隔几年才思考的问题，是你现在就必须采取的行动。你必须实实在在地填写共同基金表格，然后把钱存进去。根据数据统计，大多数人对这个问题持有否认态度的程度是非常惊人的。

步骤四：将收入的 15% 用于退休投资

我们终于到了这一步了，那些担心退休生活的人也可以松一口气了。很多抱有否定态度的人会觉得这有什么大惊小怪的。如果你到了步骤四，是时候真正要开始严肃对待财富积累了。

记住，当你走到这一步时，你应该除了房贷之外没有其他任何欠款，并且有一笔够花 3 到 6 个月的储蓄用于紧急支出，起码有好几千美元。现在你只有一笔贷款，大举投资将会变得容易很多。哪怕你的收入低于平均值，也可以保证你在退休之后过得体面。在开始这步之前，你已经停止或者从来没有做过投资，现在你必须真正的开始着手这件事了。

在之前的步骤里，羚羊般的紧迫感让你集中注意力有了一笔可观的存款。我们在无数人的帮助下，建立了"15% 法则"。这个原则很简单，将每年税前总收入的 15% 用于退休投资。为什么不设高一点呢？因为你需要将余下的收入用于之后的两个步骤，大学学费和提前还清房贷。为什么不设低一点呢？有些人想要投资少一点，或者完全不投资，这样就可以既能让孩子上学，又能光速还清房贷。我不建议你这么做，因为孩子的大学文凭没法养活你退休后的生活。我也不建议先还清房贷，因为我给太多 75 岁左右的老人们提供过咨询，他们还清了房贷，却身无分文。最后只能为了生存将房子卖掉或者抵押出去。这绝对是糟糕的计划。在存出大学学费并且还清房贷之前，你必须为退休做投资。而且现在就开始的话，你还会尝到复利的甜头。

当你计算"15% 法则"的时候，不要把公司匹配的退休计划也包括进来。这个 15% 完全是基于你的税前总收入。如果公司匹配的退休计划和你自己的计划部分重合，可以当捡了便宜。记住，这点很重要。如果你作弊投资总收入的 12% 或者 17%，也不是什么大问题，但是你要知道偏离"15% 法则"所带来的危险。如果投资不足，总有一天你要去买那本《爱上爱宝，爱宝狗粮烹饪 72 法》菜谱；如果过度投资，还清房贷的时间就会延长，为你的财富积累拖后腿。

同样道理，也不要将潜在的社会福利计算在里面。我不指望一个政府能让我退休后给我很好的经济保障，我希望你也这么认为。最近的一项调查显示，30 岁以下的人宁可相信世上有飞碟，也不信这个动荡的社会能分给他们一分钱。我倾向于同意这个观点。我并不是在表明政治立场，但是这个体系的确表示着厄运即将到来。我不是在杞人忧天，这本书就是在这样混乱的社会福利背景下写出来的。你要明白，你的职责就是照顾好自己以及家人，所以金钱再生计划里的部分投资，就是为了实现这个目标。万一到你退休时社会福利还没到位，你会庆幸听了我的建议。如果你退休时，社会福利奇迹般地存在，那就说明我错了。在这种情况下，你会有额外的钱可以用来捐赠。我想到时你会原谅我的。

共同基金是你的工具

既然你已经走到了这一步，就要开始学着了解一些关于共同基金的常识。历史数据显示，股市的平均收益率略低于 12%。而我要推荐的长期投资，则是增长型股票共同基金。作为短期投资来讲，这种基金不是很理想，因为价值有涨跌变化。但是如果投资期限超过 5 年的话，则是非常好的长期投资。伊博森调查（Ibbotson Research）的研究表明，股票市场历史数据显示，97% 的长达 5 年的投资和 100% 的长达 15 年的投资都能赚到钱。

本书不是一本投资教科书。如果你想了解更详细的内容，请参加我们财务和平大学的课程，或者阅读我的第一本书《财务和平》。我个人的退休基金以及孩子的大学学费，就是按照我讲的金钱再生计划来投资的。

下面就是我的"《读者文摘》版"方法。选择 5 年以上有良好表现记录的共同基金，10 年以上的更好。因为我要长期投资，所以不会关注这种基金某一年或者三年的表现记录。然后将退休存款，平均投资在四种基金上：25%投在增长和收益基金（有时被称为大盘股或者蓝筹股基金）；25%投在增长型基金（有时被称为中盘基金或者股票基金；标准普尔指数基金也可以）；25%投在国际型基金（有时被称为外国或海外基金）；最后25%投在积极成长型基金（有时被称作小盘股或新兴市场基金）。如果想具体了解什么是共同基金，以及为什么要用这种组合，请访问daveramsey.com和MyTotalMoneyMakeover.com网站了解更多。

将收入的15%用于投资，你最好充分利用所有的搭配缴款及税收优惠政策。再次重申，我们的目的不是教给你不同退休计划的具体区别（请参看我推荐的其他资料），而是在开始投资方向上给你一些指导建议。哪里可以匹配你的退休计划，就从哪里开始。如果你的公司免费给你发钱，那就拿着。如果你的401(k)账户中的前3%的收入有搭配缴款，那么这3%就是你用于投资的15%的收入的一部分。如果你没有任何搭配缴款，或者你已经用公司的搭配缴款来进行投资，那么接下来就要投资考虑罗斯个人退休账户了。

罗斯个人退休账户允许每人每年投资的上限是5000美元。虽然对于收入和某些情况有一些限制，但是大多数人都可以通过罗斯个人退休账户进行投资。这个账户的增长是免税的。也就是说如果你从35岁到65岁，每年在这个账户里投资3000美元，根据共同基金12%的平均收益率来计算，你在65岁时账户里就有87.3万美元了，而且不收你任何税。你只投资了9万美元（30年×3000美元），其余的都是增长，你不用交税。对于任何一个进行金钱再生的人来讲，罗斯个人退休账户极其重要。

从你能得到的任何退休计划匹配开始，全面投资罗斯个人退休账户。要确保你所投入的钱，是整个家庭总收入的15%。不然的话，还是回到 401(k)、403(b)、457 或 SEPP（用于自由职业者）等退休计划，将每年总收入的 15% 投入这些计划里。

例如：

家庭年收入：81,000 美元

丈夫收入：45,000 美元

妻子收入：36,000 美元

丈夫的 401(k) 匹配前 3%。

将 45,000 美元的 3%（1,350 美元）用于 401(k)。

接下来建立两个罗斯个人退休账户，账户总额 10,000 美元。

目标是 81,000 美元的 15%，即 12,150 美元。

你已经有了 11,350 美元，因此可以将你丈夫 401(k) 的投资提高到 5%，使得总投资金额为 12,250 美元。

退休后的花费有多少？

你需要多少钱才能体面地、有尊严地退休？多久才能实现这个目标？本书附录几页的表格，可以帮助你计算实际的数字。当你每年可以靠着 8% 的养老金过活时，你就会得到安全感，并且可以留下一笔可观的遗产。如果你拿出平均收入的 12% 投资，而通货膨胀从中"偷走"4%，那么 8% 只能是幻想当中的数字；如果你投入 12%，只取出 8% 的利息，那么每年你的养老金就会保持 4% 的利息。这 4% 可以保证你的养老金不变，你的收入而不是通货膨胀，才会与你"至死不渝"。养老金里的生活成本每年都会增加。如果你认为 4 万美元可以活得很体面，那么你的养老金只需要 50 万美元。我建议你的养老金越多越好，因为你以后还有很多的事情要做，比如把钱捐赠给别人。

如果你通过这几个表格计算出来的数字，让你担心无法实现存储

15% 的目标，也不要担心。记住，这只是步骤四。之后的几个步骤可以让你拥有自己生活的同时，加速投资的步伐。

和我一起想象一下吧。假设有一对 27 岁、收入低于平均线的夫妇——乔和苏西，进行了他们的金钱再生计划。他们有羚羊般的紧迫感，三年之后，也就是 30 岁的时候，他们走到了步骤四。他们将收入的 15% 分别投资在四种成长型股票共同基金里，这些基金都有 5 到 10 年的良好投资记录。根据美国人口普查局 (Census Bureau) 的数据显示，美国家庭平均每年收入为 50233 美元。也就是说乔和苏西每年投资 7500 美元（15%），或者说每月投资 625 美元。如果你每年收入 5 万美元，除了房贷没有欠款，生活中有预算的话，你可以每个月投资 625 美元吗？我们来一起看看，如果乔和苏西从 30 岁到 70 岁期间，每月在没有匹配的罗斯个人退休账户里投资 625 美元，那么他们将获得 7,588,545 美元的免税资产！这可是将近 800 万美元啊。如果我只对了一半呢？如果最后你只获得 400 万美元呢？如果我错六次呢？你还是会击败 97% 的 65 岁人群，因为他们连 600 美元的支票都开不出来！

我要提醒你，乔和苏西的收入远低于平均水平。为什么？在这个例子中，他们始于美国家庭平均收入，而且 40 年来从没涨过薪水。他们只是把收入的 15% 存起来，除此之外没多存过一分钱。在今天的美国，没有理由在没有经济体面的情况下退休。大多数人在平生工作期间，都会有超过 200 万美元从指缝中溜走，所以怎么也要想办法做点什么来抓住这些钱，哪怕只抓住一部分。

有一天盖尔问我，现在才开始存钱会不会太晚。她不像乔和苏西那样才 27 岁，她已经 57 岁了。可是从她的状态来看，我以为她已经107 了。哈罗德·费舍尔在 100 岁的时候，看起来状态都比 57 岁的盖尔好。生活给了她巨大的打击，几乎打破她所有的希望。金钱再生计划不是变魔术。你需要从现状开始，按步骤一步一步来。无论你是 27 岁还是 57 岁，这些步骤都不会变，而且有效。或许盖尔从 60 岁才开始进入退休计划的步骤，而乔和苏西从 30 岁就开始了。要是盖尔 60 岁了还没有应急基金，却有信用卡欠款和车贷，是极其不明智的。她和我们所有人一样，有债务的时候没有存款，下雨天没有雨伞。要是盖尔在 27 岁或者 47 岁就开始计划会不会更好呢？答案是显而易见的。即便她不再自怨自艾，也仍然需要从循序渐进法的步骤一开始，一步一步进行金钱再生计划，才有可能让自己达到最佳状态。

任何时候开始都为时未晚。乔治·伯恩斯 80 岁才拿到自己第一个奥斯卡奖；果尔达·梅厄 71 岁才担任以色列总理；米开朗基罗在 66 岁才画了西斯廷教堂的后墙；桑德斯上校直到 65 岁才开始靠着炸鸡挣钱，而现在肯德基在全球各地均已是家喻户晓的品牌了；阿尔贝特·施韦泽 89 岁了还在非洲为人做手术。只要开始就永远不会晚。过去的已经过去了，你要做的是从现在开始，因为这是你唯一的选择。然而，我要提醒所有 40 岁以下的人们：所有 40 岁以上的人都在对你大喊：现在就要开始投资！

循序渐进法的步骤四不是"快速致富"的秘诀。长期有条不紊、持之以恒的投资才是你致富的关键。如果你抱着玩世不恭的态度，在这条路上走走停停，那么你就属于那 54% 的 65 岁还在为自己的生计操劳的人。有条不紊、持之以恒的投资，就像龟兔赛跑里的那只乌龟一样。只要你坚持住投资，得到的回报将无可估量。网球教练蒂莫西·高威曾经说过的话，就一直在提醒我这点：

当我们在土里种下一颗小小的玫瑰花种子，并不会因为其太小并且"无根无茎"加以批评。我们把它当作一粒种子看待，赠与它所需要的水和养分。

当种子破土而出时，我们不会因为其幼小且发育不良而诋毁它；当出现花蕾时，我们不会因为没有绽放而责备它。我们满怀惊喜地目睹整个过程，在它成长的不同阶段，赠予所需的照料。

玫瑰，从种子到凋零，始终是玫瑰。在它生命的每一刻，它的体内都蕴藏着巨大的潜能。它似乎在不断地变化，可是无论在任何阶段，任何时刻，它都是最真实最完美的。

一朵花，无论是尽情绽放还是含苞待放，在每一时刻都是相同的，都是一朵时刻展现自己潜能的花。

玫瑰的故事，实际上讲的是人的潜能。你的人生不是由你做了什么来定义的，而是由你是谁来决定的。你的金钱再生计划以及投资也如此。用羚羊般的紧迫感绽放花蕾，但是铭记只要你每个步骤都有进步，胜利最终还是属于你的。说到底，我们不是由财富来定义的，但是你的金钱再生计划会影响你的财富，以及情绪、人际关系和精神状态。所以，这是个"总体改造"的过程。

大概两年前，我开始收听戴夫的节目，并且在这段时间内，我们除了房贷之外已经完全没有债务了！我们还有充足的应急基金，两辆全款购买的好车。由于每个月我们都双倍支付抵押贷款，所以五年后房贷就可以还清了。最重要的是，我们现在才25岁！

我第一次负债是在和我妻子结婚之前。当时我单纯地认为，拥有汽车就是要有所负债负担，而我也的确这么做了。你不可能不贷款就买车，对吧？有一阵子我必须同时做三份工作，才能还清我们的债务。估计银行也纳闷，他们每个月收到三倍的车贷应还金额，这个人是不是疯了！

一旦还清了所有消费欠款，并且建立应急基金，我们就开始投资。我们听取了戴夫在金钱再生计划里的建议来进行投资。我们将钱投在四个不同的共同基金里，都是戴夫提到过的：成长型和收益型基金、成长型基金、国际基金和进取型成长型基金。多亏了戴夫，让我们的未来一片光明。哪怕我们现在到退休，每年不涨薪不追加投资，到了65 岁仍然可以拥有 1200 万美元！

能在青春年少时就拥有财务自由，并且能在经济上帮助他人，感觉真好。戴夫，谢谢你，谢谢你敏锐的金融洞察力，更重要的是，感谢你为无数人带来了希望。

亚当·艾维（24 岁，牧师）

克里斯蒂·艾维（22 岁，分娩护士）

完成这一步骤之后，你会除了房贷没有其他债务，拥有大概 1 万美元现金以应对紧急情况，而且正在采取措施确保自己能体面地退休。我看到了你脸上的笑容在扩大。因为我知道，当我和莎伦走到这一步时，生活开始发生变化。我们重拾了曾经因为失去一切而消失的信心。你会成功的。感觉到了吗？看到了吗？如果没有，请倒回去重看一遍。还有一个更好的办法，把"我就要成功了！"这句话写下来，贴在醒目的地方。你的生活在发生变化！多有趣啊！那么现在，我们可以进入下一步骤。

10 | 大学教育基金：确保孩子的财务也健康

是时候为著名的大学教育基金做点什么了。很多人在完成循序渐进法的步骤四的过程中已经有些手足无措，因为他们完全没有为自己家的小宝贝们存一分钱。现如今很多人对于大学教育的认识很偏颇。大学教育非常重要，我跟我的孩子们说，如果他们不上大学，我们就会雇人对他们施压，直到他们上大学为止。说真的，一个扎实的教育基础，可以为你的成人生活和职业生涯提高质量。我也上过大学并且顺利毕业，很神奇吧。

建立基金前，了解大学教育的目的

我曾经给很多家长做过理财咨询，我感觉他们要是不能把孩子送到学费昂贵的私立学校，恐怕自己都无法原谅自己。在开始这一步骤之前，我确信我们需要审视一下当前文化价值体系下对于大学的看法。我们长时间不遗余力地向年轻人灌输必须接受大学教育的观念，以至于我们自己都开始相信一些关于大学学位的错误观点。大学学位不能

159

保证找到工作，不是获得成功的保障，不能带来财富，只能证明一个人通过了一系列的考试而已。我们都知道，接受过大学教育的人仍然会破产和失业。他们为此非常失望，因为觉得自己已经买票了，却依然被拒绝登上通往成功的列车。

如果你送孩子上大学，是希望能确保他们找到工作、获得成功或者财富，那么最终你会异常失望。某些时候，这种失望很快就会到来，因为孩子们一毕业就会搬回来和你一起住。以下是我的观点，大学教育很重要，可是不要对学位期望太高。我们必须承认，在多数情况下，大学的功能只是传授知识。如果承认了这点，那么我们就能以平常心面对失败和心痛——大学学位是我们人生中的宝贵财富，但也仅此而已。只有当你把知识和态度、性格、毅力、远见、勤奋和努力工作结合起来，大学学位才会给你带来好处。我们将一种危险的责任强加给了那一纸薄薄的毕业证书，要求它做不可能做到的事。

因为我们已经将大学学位变成了某种"瓶子中的精灵"，希望它可以神奇般地帮助我们获得成功，使得我们为了得到这个学位而走向了另一个愚蠢的极端。在我 40 岁之前，两次白手起家成为百万富翁，我认为其中 15% 是大学知识的功劳，而学位的功劳却是零。《情商》这本书里也讲到了相似的内容。在对成功人士的研究中，作者发现成功的 15% 归功于受到的培训和教育，85% 则是因为态度、毅力、勤奋和远见。如果我们大声承认教育是为了获得知识，而知识只是成功公式的而一部分，那么我们就不必为了追求神圣的学位而失去理智。

那么，你的孩子在大学里结交的那些一辈子的朋友，能在毕业时"帮助"他们吗？让我这么问吧，你是否因为在大学里认识的朋友，而赚到额外的钱呢？我不是说友谊不重要，或者大学认识的朋友不会对你的职业有所帮助。但是，如果这种友谊让你背上了巨额债务，那么代价实在太大了。此外，无论你在哪里上学，都可以建立起对自己的未来很有帮助的优质人际关系。

我们需要明白为什么要让孩子上大学，有了这个基础，才能为上学设立目标。换句话说，如果你对学位没那么高的期望的话，或许你不需要为了让孩子上一所你负担不起的大学而倾家荡产。再次重申，大学很重要，非常重要，但这不是解决你孩子所有问题的答案。我甚至大胆地说，大学不是一种需要，而是一种愿望；不是必需品，却是奢侈品。这个奢侈品排在我清单上的第一位，但是它不比退休重要，也不比应急基金重要，而且也不是背上债务的理由。

戴夫说

关于大学学位的一个谎言

我在看医生时，永远都不会说："大夫，给我量血压之前，你得先告诉我你是哪个医学院毕业的。"我也不会跑到我的注册会计师的办公室，质问他在哪里拿到的会计学位。

但是当我们为自己或者孩子选择学校时，就会表现得好像获得学位的地方有什么神奇的魔法，可以自动地让我们在生活中获得成功。而我要告诉你一个惊掉下巴的事实：并非如此。

与印着某个学校校徽的一张纸相比，知识、毅力、正直和品格才会让你走得更远。当我在给自己公司招人的时候，我几乎不会考虑他们的学校背景，而是更关心他们离开学校后做了哪些工作。

我想说的是，我并不反对精英教育或者私立教育。我反对的是为了获得那些学位而带来的债务，以及缺乏思考的行为。

人们总是给我的广播节目打电话，说我有8万美元的助学贷款，而我的工作每年能带来2.5万美元的收入。数学是行不通的，人们不能这样生活——尤其是当配偶和家人出现的时候。

底线：你的学位最没用的部分就是它血统。要想在经济上取得成功，你就得学会不要在意别人的想法。如果你真的能在上大学之前意识到这点，那么你就朝着正确的方向迈出了一大步。

戴夫的大学原则

对大学教育的成本做一些研究，看看你曾经毕业的学校现在的学费是多少。了解你家附近大型、小型公立学校的学费，以及私立大学或者更小型的大学学费是多少，然后逐一进行对比。有调查研究显示，只有少数职业会受到毕业院校的重要影响，其他绝大部分职业都不会在意你是哪里毕业的。在现今的职场里，名校背景的意义越来越小。

进入私立学校，需要你背负 7.5 万美元的债务。而进入公立学校是你能负担得起的，也无需负债。你还能给出选择私立学校的理由吗？如果你本来就有 7.5 万美元的闲钱，或者能用全额奖学金去读一所不需要负债的私立学校，那完全可以。不然的话，还请三思。

上大学的第一条原则（无论对于你还是你的孩子）：用现金付学费。第二条原则：如果你有现金或者奖学金，就快去上学吧。几年前，我遇到了我母校商学院的教务主任。在当时，大学生们在上学时，有三到四年的时间都住在外边公寓而不是学校宿舍，在外面吃饭而不是吃食堂，这样的学生毕业后平均背负 1.5 万元助学贷款。与住宿舍和吃食堂相比，学生每年住校外并且在外面吃饭，平均要多花 5000 美元。他们"必须申请"助学贷款，否则无法完成学业，这些助学贷款根本没用在正道上。通常来讲，助学贷款支付的是超出校园生活水平的消费，而获得学位根本不需要承担贷款，助学贷款只不过是为了让你在获得学位的过程中满足自己的虚荣心。

助学贷款就好像癌症，一旦"得上了"，甩也甩不掉。它们就像不受待见的亲戚，说是来家里"小住几天"，可十年后还赖在你家客房不走。"没有助学贷款就无法上大学"的传说被散布到各个角落。

这不是真的！据《今日美国》报道，三分之二的大学生会申请助学贷款。助学贷款已变为常态，而这种常态代表着破产。事实上，现在这一代学生有时被戏称为"负债的一代"，因为当他们从四年制学校毕业时，平均有 2.5–2.7 万美元的助学贷款债务。远离助学贷款，你需要做计划来避免借钱。

如果你已经计划好了储蓄目标，但是预算里没有多少钱可以分给大学学费，也不要惊慌。知识只是成功公式里的一部分。有了目前的积蓄，如果你的宝贝孩子可以忍受生活方式的调整，并且在上学期间打工，他们也可以获得很好的学位。工作对他们有好处。上几代人在学生时代，要和亲戚一起住，睡宿舍，吃食堂，并且忍受种种生活的艰辛来获得学位。他们甚至没什么名校背景，也可以去学校学知识，这也是他们所追求的。他们也不会幻想，学位可以保证他们找到工作或者获得成功。

我们已经花了好几页的篇幅做思想建设。现在，我们可以为大学教育储蓄设定一些合理的、可实现的目标。

步骤五：为大学教育存钱

每个人都认为，为上大学存钱很重要。可实际上，几乎没有人为孩子的大学教育存钱。高校储蓄基金会发现，35% 有孩子的美国人，没有为孩子的大学教育存一分钱。根据助学贷款市场协会（SallieMae）在 2011 年的一项研究显示，只有 14% 的家庭使用类似 ESA 和 529 这样的大学储蓄基金计划。也就是说，86% 的家庭完全没有，或者几乎没有为大学存一分钱！为什么会这样？因为我们负债累累，没有应急储蓄，没有预算。在为了大学存钱之前，我们在金钱再生计划里走到这一步才行。如果你有大学教育储蓄却没有应急基金，当你被裁员时，只能使用这笔学费来避免丧失房子的抵押品赎回权。如果你想一边还所有欠款一边存学费，你就完全没钱可存。从另一方面讲，如果你已经到了这一步骤，那么你就有坚实的基础，有钱可存。如果你没有孩子，或者孩子已经成年并且搬出去住了，那么可以跳过这一步。但是对其他人而言，大学教育基金是必不可少的。而且如果你按照我说的去做，当你开始为大学花销存钱时，也不会因为某件事的突袭而丧失这笔钱。

最开始为女儿选择大学时，我们非常担心。我们总是有多少花多少，从来没有为未来存过钱。我们听说很多学生为了上大学，背负了数万美元的债务。可我们不想自己女儿在毕业时也要背上这样的负担。

我们从来没想过现金支付学费的可能性。一开始，我们只是想用现有的钱尽可能帮助她，然后我们通过负债来支付剩下的费用。

经过一些调查，我们发现只要很少的费用，女儿就可以在社区大学完成部分课程！两年来，她每天都要开车单程 20 英里，这样可以住在家里。重要的是，她获得了三个不同的奖学金，这些钱支付了她一半的学费！

两年后，她获得了艺术专科学位，并且转到了四年制大学。她努力学习，获得了更多奖学金，这帮助她可以支付更多的学费。我们帮她支付房租和部分学费，她自己做兼职来支付课本、食物和其他生活费用。这是一次团队合作，我们都专注于一个目标：毕业后没有任何负债。

我们发现，只要一点创造力和大量的努力工作，我们真的可以现金支付女儿的教育费用，而且成功了！再过几个月她就要毕业了，而且没有助学贷款的负担！

克拉克·西摩尔（55岁，眼科医生）

凯伦·西摩尔（52岁，警局记录员）

建立教育储蓄账户

大学学费比一般通货膨胀的上涨速度还要快。商品和服务的通货膨胀平均每年增长4%，而学费的平均上涨速度为8%。当你为学费存钱时，必须保证每年至少8%的收益率，才能赶上增长的步伐。像格伯人寿保险（Garber）这样的儿童人寿保险，或者其他为孩子上大学而储蓄的终身寿险，均收益率不到2%，简直就是个笑话。储蓄国债也不行，因为平均收益率只有5%。现在，很多州都提供大学学费预付服务。我们之前在第四章讨论过这个关于金钱的骗局。请记住，当你为任何东西预付时，你只是对这个东西所产生的通货膨胀保持收支平衡而已。如果你预付了学费，而学费的涨幅为8%，那么你只是赚了8%而已。虽然也不是太糟糕，但是要记住，如果长期投资一个良好的成长型股票共同基金的话，平均收益率将超过12%。当然了，还有比预付学费更糟糕的事。据《今日美国》（USA Today）报道，在为数不多为大学学费存钱的人中，有37%的人只是把钱存到收益率不足3%的普通储蓄账户中。这样是永远存不够学费的。我知道，有总比没有强。但在这种情况下，我更喜欢另外一句话：如果某件事值得做，就要把它做好。

所以让我们用正确的方法来开始第五个步骤吧。

我建议使用教育储蓄账户（ESA）为大学教育基金，或者至少是迈出存款的第一步。这个账户属于成长型共同基金。如果将教育储蓄账户——过去号称教育型"个人退休账户"——用于高等教育的话，其账户内的增长是不收税的。如果从孩子出生到 18 岁，每年在预付学费服务上投资 2000 美元的话，最后你将得到 7.2 万美元学费。可是通过回报率为 12% 的共同基金 ESA 投资的话，最后你能得到 12.6 万美元，而且是免税的。目前，如果你的家庭年收入低于 22 万美元，ESA 允许给每个孩子每年投资 2000 美元。如果你早早就开始投资，每个月往账户里存 166.67 美元（每年 2000 美元），你的孩子可以上任何一所大学。对大多数人来说，如果在孩子 8 岁之前，就完全启动了 ESA 的话，那么循序渐进法的步骤五就完成了。

如果你的孩子年龄大一些，或者你想让孩子上更贵的大学，读研究生或者博士的话，你需要存的钱要超过 ESA 的限额。如果你没有收入的限制，我还是建议从 ESA 开始。因为你可以在任何一个基金或者基金组合里投资，并且随意更改。这种方式最灵活，也让你可以最大程度把控。想要做一些更细致的计划，请参照下一页的表格。这个表格可以帮助你计算，需要存多少钱才达到上大学的目标。

如果 ESA 不能满足你的需求，或者你的收入限制你建立 ESA，那么我建议你可以考虑 529 计划。这是一种州政府计划，大多数都允许你将这笔钱使用在任何高等教育机构里。比如你按照新罕布什尔州的 529 计划存钱，可以用这笔钱在堪萨斯州上大学。529 计划有几种类型，我建议你远离大部分类型。一种比较流行的叫作"人生阶段"计划。这种类型的计划可以让管理者操控你的金钱。随着孩子年龄增长，管理者会将钱转移到更保守的投资商。因为操作很保守，所以表现不佳（收益率大约 8%）。还有一种叫作"固定投资组合"计划。这个计划将你的钱投资在固定回报比率的共同基金上，并且锁定，直到你需要使用这笔钱为止。但是你无法转移资金。如果你把钱投在很烂的基金上，那就被套牢了。这种类型的投资回报可能更好一些，但是你没有什么控制权，所以也可以忽略不考虑。

529 计划的一个很大的问题，就是你必须放弃对资金的控制权。我比较推荐的最好的 529 计划类型，也是除了 ESA 的第二个选择，是一个"弹性"计划。这种计划允许你定期在基金家族里移动你的投资。基金家族是共同基金的一个品牌名。你可以从美国基金 (American Funds Group)、先锋基金 (Vanguard) 或富达基金 (Fidelity) 挑选任何一只共同基金。虽然你只能选择一种品牌，但是你可以选择该品牌下不同的基金类型以及每个基金可投资的额度，并且可以随意让你的投资在同一品牌下的不同基金之间转换。这是我推荐的唯一一种 529 计划。

不管你需要为大学教育存多少钱，都要着手开始做了。为大学教育存钱可以保证你的家族不会因为债务的代代相传而衰落。可悲的是，现在大多数毕业生在开始踏上职业道路之前，就已经负债累累了。如果你很早就开始存钱，或者存钱非常积极，你的孩子就不会成为他们中的一员。

经过数年的债务积累，我感到沮丧和疲惫，并且准备好将自由还给自己。我的未婚夫杰瑞德给了我非常大的鼓励，但是直到我妹妹告诉我戴夫这个人之后，一切才变得不同。我和杰瑞德读了这本书，

参加了现场活动之后，决定在结婚之前，用羚羊般的紧迫感偿还债务。

我们俩都还清了车贷。杰瑞德最终摆脱了3.6万美元的助学贷款，我们还一起为婚礼攒下了9000美元。我们这对新婚夫妇有预算，有财务计划，这种感觉真好。一旦我们没了信用卡的诱惑去做傻事，并且坚持按照预算进行消费，存钱就变得容易多了。同时，我们分别给自己分配了一定金额，可以用这笔钱想怎么花就怎么花。我们将大部分的钱都存了起来，这样也可以抑制冲动消费。我们一年的收入大概为4.2万美元，所以买东西的时候必须精打细算。于是我们决定购买二手家具，并且用我的SUV换了一辆更经济的车。

摆脱了月光族的生活简直太好了。杰瑞德和我在家庭财务上达成了一致，并且对未来充满希望。为了未来做打算，而不是为了过去付出代价，这种感觉真好。我们现在正在建立应急基金，并且为房子存首付。当我们最终决定在哪里安顿下来时，我们会有足够的存款来实现这种改变！

凡妮莎·史密斯（30岁，服务员）

杰瑞德·史密斯（28岁，厨师）

起步再晚，你也能解决学费问题

如果你因为金钱再生计划开始得太晚，而没有办法在几年内存够大学学费，该怎么办？首先，请重新看一下本章的开头。让你的孩子去学费便宜的学校，住宿舍，吃食堂。你所追求的是知识，而不是出身。助学贷款是你的禁区。你必须足智多谋，发挥主观能动性，充分利用一切资源。让你的孩子想想，自己的专业跟哪些公司对口。让他们去问问这样的公司，是否可以定向培养，为他们支付学费。很多公司都有委托培训规划，现在只不过让你反过来问。公司都会同意吗？当然不会。事实上大部分公司都会拒绝，但是你只需要一家同意就行，所以多问问。

看看哪些公司有委托培训规划。很多公司都与当地大学达成协议，支付学生的学费以吸引劳动力。例如，美国联合包裹运送服务公司（UPS）在很多城市都有这个项目。你可以每周工作20个小时，工作内容是在晚上整理箱子，他们来支付你白天上学的学费。另外，UPS的兼职薪水也很不错。当然，这只是众多例子中的一个。这种项目是为了那些想要学习知识的人准备的，而不是那些只为了获得"大学经历"的人，或者说，这种人只想聚会玩乐到天亮。如果你想通过负债来教会你的孩子喝啤酒，或者让他们获得某种背景，那你需要的可不仅仅是简单的金钱再生了。

再看看军队能提供什么机会。并不是每个人都适合军中生活，但是有一个曾经为我工作的年轻人，在军队服役4年，从而获得了免费的大学教育。老实说，他讨厌军队，但军队让他迈进了大学的门槛。他在政府补贴房里长大，一直被告知上大学不是他的未来。但他没有自暴自弃。

我真的受够了过着拆东墙补西墙的日子。我已经刷爆两张信用卡，没有任何回旋余地。我知道自己不能再这样生活下去了。我的债务有3.5万美元，可是我一年才赚3.5万美元啊！当我的汽车抛锚，修车师

傅告诉我大概要 1500 美元才能修好，我不得不放弃了！

首先，我四处寻找，终于找到一个手艺不错的修车师傅，300 美元就把车修好了。然后，我找了第二份工作来偿还这笔费用。

不久之后，我终于决定要还清所有债务了。我想快点还清，所以做了额外一份工作。每个周末，我都要在一个豪华度假村，每天打扫房间 10 小时。我还记得结束了第二份工作开车回家的路上，我边开边哭，因为我再也不想刷厕所铺床了！但是我知道，最终做的这一切都值得。

过程很艰难，但是我做到了！我还清了所有 3.5 万美元的债务！我丢掉了信用卡，不再买没用的东西。另外，我还建立了应急基金，而且为新车存钱。金钱的计划改变了我的生活！当我同时做两三份工作时，总有人嘲笑我。但是我现在摆脱债务了！我在这场游戏里领先他们了！

谢丽·霍根豪特（31 岁，业务流程改进分析师）

如果你不适合全职服兵役，那么可以考虑国民警卫队（National Guard）。他们会出钱，让你在高中和大学之间的某个夏天参加新兵训练营，然后还会支付剩余时间的大学学费和书本费。当然，你需要留在国民警卫队为国家服务。

你也可以做一份经常遭到拒绝、报酬也很高的销售工作。有数不清的年轻人，通过卖书或者参加类似的项目来完成学业。这些年轻人，如参加游击战似的销售人员，在夏季的销售战役中所学到的，比在市场营销课上学到的还多。我有一个朋友，在一个夏天完成了 4 万美元的销售记录。秋天时他回到学校上课，在全班面前做了一个关于销售的演讲，而营销学教授只给他一个 C。我的朋友年轻气盛，反问教授一年赚多少钱。经过一番针锋相对，教授承认每年的收入有 3.5 万美元。我的朋友很遗憾地离开了学校，辍学了。不过他过得很好。他去年的收入是 120 多万美元。

我讲这个故事，并不是在鼓励动不动就退学的做法，即便我朋友也说他当时很想完成学业。这个真实的故事表明，他在努力工作支付学费的同时，学到了非常有价值的营销课程。年轻人为了付部分或者全部学费而工作，除了能得到钱，还能收获其他好处。

如果你已经背上了助学贷款，或者一开始就不想贷款，可以找找"贫困地区"的相关项目。如果你在贫困地区工作，政府会支付你的学费或者帮你偿还助学贷款。这样的区域一般在偏远地区或者市中心贫民区。大多数这类的项目都是和法律或者医疗相关。如果你是护士，在贫民区医院工作几年帮助这些不幸的人，你就会得到联邦政府提供的免费教育。

为了获得大学教育，除了存钱之外，我最喜欢的一种方式是获得奖学金。人们对每年有多少无人认领的奖学金有争议。当然，网络上总有人因为这个问题炒作。然而，在合法的前提下，每年都有数亿美元奖学金被发放出来。这些不是学术或者体育奖学金，而是像社区俱乐部这种团体发放的，中到小型奖学金。比如扶轮社（the Rotary Club）、狮子会（the Lions Club）或者国际青年会（the Jaycees），每年都会多次发放 250 美元到 500 美元不等，用于奖励那些有作为的年轻公民。有些奖学金会针对种族、性别或者宗教来发放。比如，有些奖学金是用来帮助美国原住民接受教育，等等。

　　你可以在网上购买奖学金名单，也可以购买一些软件程序，这些程序里有很多奖学金的选择。我的听众丹尼斯就接受了我的建议。她购买了一个软件程序，运行了之后发现，这个程序里有 30 多万个可用奖学金。她扩大数据库搜索，最后找到 1000 个可申请的奖学金。丹尼斯花了整个夏天的时间写申请表和申请论文。她也实实在在申请了 1000 个。最后有 970 个拒绝了她，但是她拿到了 30 个奖学金。这 30 个奖学金为她支付了 3.8 万美元的学费。最后她免费上了大学，而她的邻居却坐在那里，抱怨家里没钱供她读书，最后只能背上助学贷款。

　　如果你一步一步按照循序渐进法的步骤前进，不用借债就能送孩子上大学。哪怕你起步晚了，通过坚持不懈的努力，并且多动动头脑，也能帮他们完成学业。在今天的美国，如果你非得上大学，是完全可以办的。好消息是，那些有金钱再生计划的人，不仅可以支付孩子的教育，还可以通过教会孩子如何理财，如何变有钱，让你的孙子辈不背债也能上学。

11 | 付清住房贷款：实现财务健康

我有个好朋友经常跑马拉松。我怀着敬畏的心情，坐在那里听他讲跑马拉松的故事。我惊讶于马拉松选手的奉献、训练和承受的痛苦。我自己也跑过一次全程马拉松，也喜欢一年跑几次半程马拉松。但是这些每年跑好几次马拉松的人，绝对是世界上最健康的人。当你走到了循序渐进法的第六步，你也达到了财富积累"马拉松选手"的状态。你跑得不错，但是还没到终点。

我那个跑马拉松的朋友名叫布鲁斯。他告诉我（我也经历过），当跑到大概 18 英里时（全程 26.2 英里），参赛者开始产生困惑。这时大脑和肌肉会发生一些糟糕的变化。你几乎快跑到终点了，却没有想完成比赛的心情。经过高度训练的大脑和自我调节的身体开始跟你说，停下来吧。一片巨大的、充满疑惑的乌云，笼罩在精神坚韧、训练有素的头脑里。你开始想，18 英里也差不多了，很少有人能跑到这么远。如果你不认真对待，"足够好"就会变成"最好"的敌人。"最差"很少是"最好"的敌人，但是资质平庸却心存疑虑会让你远离卓越。良好的结局比完美的开始更重要。

取得理财的最终胜利

当你的金钱再生计划走到这一阶段时，你已经摆脱了除房贷之外的所有债务，并且还有相当于 3 到 6 个月支出（大约 1 万元左右）的应急基金。与此同时，你还有两个明确的目标，将收入的 15% 投入到退休储蓄，以及为孩子的大学教育存钱。现在，你已经跻身全美国前 5%-10% 的上层人士，因为你已经有了一些财富，有理财规划，而且一切尽在掌握中。不过，金钱再生计划的这一阶段，也是最危险的时刻！危险来自"足够好"心理。你现在已经跑到马拉松 18 英里标记处，也是真正拿到大金戒指的关键时刻。循序渐进法的最后两步对你来说，似乎遥不可及。我向你保证，很多人都经历过这个阶段。有些人停滞不前，最后后悔了；还有些人依旧长期保持着羚羊般的紧迫感，最后跑完了全程。后者看到，终点前就剩下这一个主要的障碍了。越过障碍之后，他们可以骄傲地走在那些，自称金融马拉松选手的超级富豪中。他们可以将自己看作完成了金钱再生计划的中坚力量。

2002 年，我们开始了戴夫的金钱再生计划。当时我们有超过 3000 美元的房屋净值贷款、信用卡欠款，以及 3 万美元的住房抵押贷款，而且没有应急基金或任何储蓄。我们的年收入只有 4.5 万美元，一切似乎都失控了。当我们了解到了循序渐进计划之后，我们认为这是最好的出路。于是我们以最快的速度开始了这个计划，生活立刻发生了改变。

我们知道，第一步就是要做出预算，然后滚动债务雪球。而最好的启动方式就是车库大甩卖。这简直太棒了！我们赚了 500 美元，立马还清了很多金额小的账单。于是我们继续工作、存钱、工作。我们决心打破债务体系，奋力向前。后来，我们还清了所有消费债务，建立了充足的应急基金，并且开始投资。我们简直太惊讶了，惊讶于我们竟然可以如此专注于完全摆脱债务。

但是我们并没有停滞不前，最终的挑战是要还清住房贷款。这绝对是我这辈子做过的最有挑战的事。除了全职工作，我还找了一份每周 30 小时的兼职工作——打扫办公室。乔一周七天，天天都要加班。在这艰难的五个月里，我们比以往更加努力工作。虽然辛苦，但是我们知道这么做值得。终于，在 2005 年 9 月份，我们达成目标，完全还清了房贷，我们终于无债一身轻啦！

没有欠款压身，这种自由的感觉简直难以置信。我们现在可以全身心投入到退休储蓄中，并且可以开始真正的生活！我还辞了工作，开始自己创业，因为我实在太讨厌每天都要去做那份让人厌恶的工作！我终于可以做自己喜欢的事情。只要你耐心等待，好事总会发生。

上帝绝对在整个金钱再生的过程中祝福过我们。第一次，我们的未来不再是个梦，而是真的存在。我们都可以做到的事，任何人都可以做到！

卡拉·舒博克（38 岁，设计师 / 牧师）

乔·舒博克（43 岁，冲压工）

步骤六：还清住房抵押贷款

在你跑完赛程的最后几英里之前，最后一个障碍就是彻底摆脱债务，没有欠款。没有欠款将是什么感觉？我之前已经说过，现在再重复一遍，直到你听进去为止：如果你把每月还款的钱用于投资，用不了多久你就会成为没有债务的百万富翁。积累财富最大的工具，就是你的收入。我想你已经读过很多遍了。现在应该可以看到这种可能性。你为了这场马拉松艰苦训练、调节身体和饮食，所以不要跑到 18 英里就放弃啊！除了日常生活、退休和上大学的钱之外，你应该将预算里的每一分钱，都用于偿还住房贷款。用羚羊般的紧迫感，去"攻击"住房贷款吧。

我家有一只特别可爱的京巴狗，就像电影《黑衣人》里的弗兰克一样。她的名字叫天堂。每次我们和她说话的时候，她总是歪着圆圆的小脑袋，露出疑惑的神情，好像我们脑子有问题似的。如果你见过我们和狗狗说话的样子，可能也会觉得我们脑子有问题。当我们说一些奇怪的、违背文化传统的话时，人们也会歪着头，向我们投来疑惑的目光。我相信很多人在读这本书时，当看到我说"还清房贷"，就好像我告诉你们要造一对翅膀飞向月球一样。

每次我说还清住房贷款，总有人向我投来异样的目光。他们认为我疯了。这里主要有两个原因：第一，大多数人已经失去希望，并且不相信自己还有机会；第二，大多数人都相信那些广为流传的关于住房抵押贷款的骗局。没错，我们必须消除这些相关的谎言。不过，有两个"理由"，让那些看起来聪明的人（比如当年的我）无法还清房贷。我们就先从这两个原因讲起吧。

记住，并小心这些谎言

原因一：

> **谎言** 保留住房贷款来避税是一种明智之举。
> **真相** 减免税收不划算。

之前讲汽车租赁的时候，我们讨论过税务减免的问题。现在来复习一下。如果你有一套房子，每月还款大概 900 美元，每月的利息部分大概 830 美元，那么每年你要支付大约 1 万美元的利息，这样就可以为这 1 万美元享受税收减免政策。如果你有没有住房抵押贷款，那么就会失去减免税收的机会。所以这个骗局告诉我们，为了占税务的便宜，你要保留房屋贷款。

想要知道你的注册会计师是否精于计算，这又是一个好机会。如果你没有 1 万美元的税收减免，那么根据税率 30% 来计算，你需要缴税 3000 美元。根据这个骗局来看，我们应该给银行支付 1 万美元的利息，这样就可以避免向美国国税局（IRS）缴纳 3000 美元税款。就我个人而言，我会选择不承担任何债务的生活状态，也不愿意用 1 万美元换 3000 美元。不过，要是有任何人想要贪这 3000 美元税款的便宜，可以给我发邮件，只要你把 1 万美元支票存进我的银行账户，我绝对愿意为你支付 3000 美元税款。我的加减法很好的。

> **戴夫说**
> 如果你得到一大笔退税，不过是允许政府使用你的钱而免息一年。

原因二：

> 谎言 因为利率太好了，所以我应该为房子尽可能多的贷款（或者不断套现再融资），然后就可以用这笔钱投资了。
>
> 真相 迷雾散去后，你其实什么都没赚到。

这事有些复杂。但是如果你跟紧我的思路，就会明白为什么那么多人都掉进了这个金融陷阱。我是在接受高等教育时，学到了关于这个骗局的理论（顺便说一句，我不反对高等教育，只要我们学到的都是事实），该理论将低利息债务用于高回报投资。可悲的是，很多"理财顾问"都告诉美国人，按照 8% 的利率贷款房子，然后投资平均收益率为 12% 的成长型股票共同基金，这样你就可以轻松赚取 4% 的净收益。

我曾经说过，共同基金是非常好的投资，我本人也在涨势良好的成长型股票共同基金里投了很多钱。股票市场的回报率在 12% 左右。在过去 10 年里，有些年份涨势喜人，有些年份很差。但长期来看，可以保证平均 12% 的回报率。所以我很推荐购买共同基金。

这个谎言的问题在于，达到 4% 利差或投资利润的假设是错误的。信奉这种骗局的人——我曾经也是他们中的一员——对待投资的方式非常幼稚。

我们来看个例子。假设你的房子贷款 10 万美元以用于投资。如果贷款利率 8% 的话，你需要支付 8000 美元的利息。如果将 10 万美元房贷，按照 12% 用于投资的话，你会得到 1.2 万美元回报，这样你就可以净赚 4000 美元。事实真的是这样吗？据我所知，要是你投资赚了 1.2 万美元，是需要缴税的。如果按照税率等级 30% 来计算的话，按照普通收入税，你需要缴纳 3600 美元；按照资本利的税率，你需要缴纳 2400 美元。所以最后你不会净赚 4000 美元，而是 400 到 1600 美元。这事儿还不算完。

如果我住在你隔壁，零负债买的房子，而你的房子贷款 1 万美元（都是因为你的投资顾问的建议），咱们俩谁的风险大？如果遇到经济下滑、发生战争或者有战争的传言，或者你得了重病、出了车祸、被裁员了，你的 1 万美元住房贷款将给你带来巨大危机，但是我却不会。债务是会增加风险的。

我可以向你证明风险增加了。在 2008—2009 年的经济危机中，随着房地产价格下跌和市场放缓，很多人因为丧失抵押品赎回权而失去了自己的房子。我曾经做过深入细致的调研发现，100% 的止赎房屋都有抵押贷款。看见了吧！可悲的是，很多失去房子的人都有一个过于天真的理财顾问，他将风险排除在计算公式之外，甚至还建议"收获"净值资产。就像我最开始引用的话："只有当潮水退去，你才知道谁在裸泳。"

由于负债会增加风险，有经验的投资者必须计算出收益会削减多少。如果给你两个选择，从共同基金里赚得 12% 的回报，或者投资 500% 回报的轮盘赌，你肯定不假思索地说出，这两者不能比较。为什么？因为风险。常识告诉你，在不调整风险回报的情况下，共同基金和轮盘赌的收益是不能放在一起作对比的。常识还告诉你，要对轮盘赌 500% 的回报大打折扣。在考虑了轮盘赌巨大的风险之后，你会选择投资共同基金。选得不错。

事实上，学术界也对此总结出一套公式，一种叫作贝塔（beta）

的风险统计测量方法。贝塔值越大，意味着风险越大。研究生毕业的金融从业人员，在调整投资风险后，利用学到的数学公式，将高风险投资和安全投资作对比。而我们则非常天真，从来没有将这个公式用到无债务房屋和抵押投资房屋的对比上。这套专业公式看上去的确可以让你高枕无忧，但是要明白，除非做出调整，不然你没办法将有风险的和无风险的事情作比较。

这件事的底线是，在调整了税费和风险之后，你没法用这个小公式来赚钱。纵观一辈子的投资和抵押贷款，只有率先摆脱债务的人才会最终胜出。

谎言 获得一份 30 年期限的贷款，再把它当成 15 年贷款来还款，这样一旦出了什么问题，还有回旋余地。

真相 肯定会出问题的。

在我的金钱再生计划里，有一点我非常确定的是：我已经不再告诉自己，我有强大的自律和卓越的自控能力。这本身就是个谎言。我必须建立起正确的方法和规划，才能确保不干蠢事。"我对天发誓，我保证、保证、保证、再次保证每个月会超额还款，因为我是这个地球上最最最最自律的人"，这句话就是在自欺欺人。拥有强大财务实力的一个重要方面，就是知道自己的弱点在哪里，并且采取措施，确保自己不会成为弱点的牺牲品。我们每个人都有弱点。

孩子生病、坏掉的传感器、舞会服装、高额取暖费，还有给爱犬打的疫苗会接踵而至，这些都会让你无法超额还款。这时，我们就会扩大谎言，说着："下个月，下个月一定会做到。"清醒一点吧！研究发现几乎没有人能做到每个月都按照既定计划偿还按揭贷款，你根本不能自欺欺人。

每月多出来 550 美元，你就可以节省将近 15 万美元，少受 15 年的"奴役"。我还观察到一件有趣的事情，15 年期限贷款总是会在 15 年内还完。再次重申，金钱再生计划的一部分，就是建立自动智能系统，15 年期限贷款就

短期贷款的好处		
购买价格	$250,000	
首付	$25,000	
抵押贷款额	$225,000	
按照 7% 利息		
30 年贷款	$1,349	$485,636
15 年贷款	$1,899	$341,762
差额	$550	$143,874

属于这种系统。30 年贷款是为那些享受被奴役的人准备的。他们愿意多花 15 年时间，并且多支付几十万美元。如果你必须申请贷款买房，就当 15 年期限是你唯一的选择吧。

如果利率很好的话，没必要再融资，用 15 年或更短的时间来付清贷款。就当你有一个 15 年的贷款，并按这个期限还款，你就可以在 15 年里还清。如果你想用 12 年还清，或者任何你希望的年限，可以访问我的网站，或者找一个计算器，算一下按照现在的贷款利率，如果用 12 年或者任何你希望的还款年限，你的还款差额是多少。算出来之后，将这个差额加在目前每月还款金额上，你就可以在 12 年内还清全部房贷。

当你可以节省利息的时候，才是再融资的最佳时机。利用我网站上的计算方式，可以帮助你决定是否需要再融资。当你再融资时，贷款点数和发放费的利息却不是最好的。点数和发放费是预付的利息。当你支付贷款点数时，你会得到一个较低的年利率（APR），因为你已经预付了一些利息。通过计算可以发现，你在利息上省的钱，并不能让点数回本。贷款点数是预付的利息，通常要十年的时间才能回本。

抵押贷款银行家协会表示，抵押贷款的平均期限只有三到五年，所以无论是搬家还是再融资，在还清贷款之前，利息上节省的钱不会让你回本。如果需要再融资的话，要求对方提供"平价"利率，也就是没有点数和发放费的利率。抵押贷款经纪人可以通过出售贷款获得利润，他们不需要通过手续费来赚钱。

谎言 如果知道自己"几年后就会搬家"，那么选择 ARM 按揭或者气球式按揭才是明智之举。

真相 当他们收回抵押品赎回权时，你会搬家的（你的房子将被收回）。

ARM，全称可调利率抵押贷款，诞生于 20 世纪 80 年代初。在这之前，像我们这些从事房地产行业的人，都是按照 7% 或者 8% 的固定利率出售抵押贷款的。发生什么了呢？当时，我处在经济灾难的中心，抵押贷款的固定利率高达 17%，房地产市场冻结。贷方要支付 12% 的存款利率，而只能以 7% 的利率向外贷款数亿美元。他们一直在赔钱，放贷的人最讨厌赔钱。就在这时，可调利率贷款问世了。你要支付的利率，会随着市场利率的上升而上升。ARM 的诞生，其实是将高利率的风险转移到你——也就是消费者身上。过去的几年，住房贷款利率处于 30 年来的最低点。当你在利率最低的时候，还要做出任何调整，这是非常不明智的举动！这些谎言传播着总想给你家带来各种风险，而你的房子恰恰是你最需要确保稳定的地方。

气球式抵押贷款更糟。气球会爆，这种突然的爆炸声总能给我吓一跳。我们怎么就没意识到呢？气球本来就是会爆炸的。明智的理财人士总是想要远离风险，而气球式贷款却是制造风险的噩梦。当你的全部抵押贷款在 36 或者 60 个月后就要到期时，你就是邀请墨菲（还记得他吗？只要事情有出错的可能，就会出错）来你家做客。这些年来，我见过无数个像吉尔这样的客户。

吉尔的丈夫是一家发展很好的移动通信公司精英。他跟吉尔保证，因为他的事业蒸蒸日上，所以不久就可能会搬家。所以他们以很低的利率获得了 5 年气球式抵押贷款。"我们只知道 5 年内会搬家。"她说。结果在贷款的第三年，她老公经常性头痛，很不幸地被确诊为脑瘤。我们见到他时，这位事业发展迅速的移动通信公司高管，坐在轮椅上，几乎丧失了说话的能力，在 38 岁时永久地瘫痪了。虽然保住了性命，但手术却彻底毁了他。吉尔现在成了一名中年母亲，有两个孩子，还有一个瘫痪的老公，当气球式抵押贷款到期时，她也没有收入来进行再融资。

银行家并不是恶棍，当他们执行丧失抵押品赎回权条款时，只是在做自己的工作。我很希望告诉你这个故事是大团圆结局，但事实却是，他们以很大的折扣卖了房子，来阻止抵押品赎回权的丧失，现在为了生存，只能租房住。所有这一切的发生，都是因为想要在利率上贪点小便宜。"我们知道不久就会搬家"，没错，他们的确搬家了。

 谎言 房屋净值贷款可比应急基金好。

真相 再次重申，紧急情况正好是你不需要债务的时候。

房屋净值贷款，已经成为现今最受推崇的贷款之一。欠债的普通美国人，已经用尽了所有借贷手段，除了住房的第二次大抵押贷款。这非常悲哀，因为我们将自己的家置于危险之中，只为了可以度假、做生意、合并债务，或者为了应急基金。来找我们咨询的家庭，房屋净值贷款成为了压垮他们的最后一根稻草。

银行业里，统一将这些贷款简称为 HELs。而我的经验告诉我，这里面少了个 L（HELL，意为地狱）。这些贷款非常危险，绝大部分都会以丧失抵押品赎回权而告终。

即便是一个没有信用卡、用现金度假的保守人士也会犯错，用 HEL 为紧急情况设立贷款或者"信用额度"。看上去似乎很合理，直到你经历了一两次紧急情况之后，并且痛苦地意识到，紧急情况是你最后一次需要借钱的时候。如果你遭遇了车祸或者失业，以房子为抵押贷款 3 万美元，当你东山再起时，可能就会失去这座房子。大多数 HELs 每年都会更新，也就是说他们每年为你重新申请一次贷款。

艾德和萨利就没有意识到这点。艾德是个金融精英，至少他自己是这么认为的，所以他为紧急情况设了一笔 HEL。萨利出了一场比较严重的车祸，与此同时，在那三个月里，艾德被裁员了。他们很快就花光了 HEL 贷款的钱，并且完全跟不上还款进度。HEL 要年度更新了，可是银行以他们信用不良为理由，拒绝更新贷款。可是在过去的 17 年里，他们的信用一直很好。银行收回了票据。艾德简直不敢相信，在他们倒下的时候，银行还要上来踩两脚。收回票据意味着，他们必须通过再融资来偿还银行欠款。你猜怎么着？他们没法再融资，因为信用差。最后的结果令人悲伤，他们卖掉了房子，避免丧失抵押品赎回权。艾德错了，他们需要的是应急基金，而不是贷款。

> **谎言** 你不能现金买房！
>
> **真相** 要不咱俩打个赌。

　　首先，我要告诉你，住房抵押贷款是唯一一个我不会反对的债务。作为金钱再生计划的一部分，我希望你能付清房贷，而且原因也在之前几页说过了，你要小心对待。每当被问到有关抵押贷款的问题时，我都会告诉所有人，永远不要接受超过 15 年期限的固定利率贷款，也不要将还款额设为超过税后工资的 25%。这是你可以借钱的上限。

　　我不借钱，从不。卢克从克利夫兰给我打电话，告诉我很多听众和读者正在做我和莎伦做过的事，那就是 100% 首付计划，付现金。大多数人都觉得这不可能，可是卢克做到了。

　　卢克很会赚钱。他在 23 岁时，收入就有 5 万美元。然后他娶了一位年收入 3 万美元的年轻女孩。他的爷爷告诫他，永远都不要借钱。所以卢克和他的新婚妻子，住在一位富婆车库楼上的小公寓里，每个月租金才 250 美元。他们的生活也没什么多余开销，也不做任何花钱的事情，而且他们特别会存钱。是啊，他们也要存钱！在家庭收入 8 万美元的情况下，他们连续三年每年存 5 万美元，然后在卢克妻子 26 岁生日时，花 15 万美元现金买了新房。他们与众不同，所以才会活得不同凡响。如果你每年能赚 8 万美元，而且没有任何欠款，也可以快速地变有钱。不过要记住，卢克的朋友和亲戚确认为他必须承认自己的"罪过"。他们嘲笑他的车、他的生活方式，还有他的梦想。只有卢克的爷爷和妻子才坚信他的梦想。谁会在意破产的人有什么看法呢？

　　可能你一年赚不到 8 万美元，一套价值 15 万美元的房子可能也不是你的开端。赚不了这么多钱，就将自己的梦想定为 5 年，而不是卢克的 3 年。可以问问任何一个 80 岁老人，为了改变余生的财务命运，牺牲 5 年是否值得；为了改善家人的生活，牺牲 5 年是否值得。现金买房有可能，非常有可能。困难在于人们要甘愿降低自己的生活水平，付出一定的代价。

我和道格都离过婚，各自带着孩子再婚。作为单亲父母，要支付住房贷款和每日花销，是非常艰难的。每次抵押贷款或者租金要到期了，支票簿就会变得越来越薄。当时我正在努力完成大学学业，而他也有上一段婚姻带来的一堆未偿还债务。我有一张信用卡，经常在出现紧急情况，比如修车时使用。我不认为需要信用卡收支平衡，但是当我们结婚的时候，我们的债务可是相当可观。

结婚不久，我们就开始了金钱再生计划。道格每天在30分钟上下班的路上，收听电台节目。他深信，只要按照循序渐进计划走下去，我们的经济状况在未来就可以趋于平稳。我决定也加入进来，因为这时我们已经再没有什么可以失去的了。

停止使用信用卡之后，我们发现支出少了很多！我们还制定了预算，着重注意曾经乱花钱的地方。我们意识到，出去下馆子和购买生活中不需要的奢侈品，占了开支的绝大部分。我们决定，将能找到的每一分钱，都用在信用卡还款上。接下来，我们还清了我的车贷，建立了应急基金，开始还房贷。谢天谢地，我们提前一年半还清了房贷！很多人都没意识到，拥有自己的房子那种重要性和成就感。我们发现，这是得到经济稳定最后也是最大的一步。

自从我们没有债务之后，我们就有更多时间享受家庭度假的欢聚时光。全家的压力一下子就小了很多！我们惊讶地发现，一旦消除了曾经对金钱的担忧，我们的家庭关系就变得更加紧密。我们仍然过着简朴的生活，仍然在买东西时讨价还价，但是债务自由带来的平静值得这小小的牺牲！谢谢你，戴夫，感谢你为我们的人生指引了方向！

塞布丽娜·豪尔顿（42 岁，铝箔轧机工人）

道格·豪尔顿（52 岁，商场经理）

实现自由的画面

这就是步骤六，债务自由，享受生活。根据我们的观察，那些保持羚羊般紧迫感的家庭，自决定彻底进行金钱再生计划之日起，自向当今文化宣战之日起，大约花 7 年时间可还清抵押贷款。我相信，现在你会更加确信，这不是一本关于快速致富的书。有哪个作者会告诉读者，在这个快餐文化盛行的环境下，平均要花 7 年的时间才能走到循序渐进法的最后一步？又有哪个作者会告诉读者，在这个速食社会里，前两步就要花艰难的两年到两年半时间才能完成？只有看到无数人这么做的作家，才会这么说，而这个作家也会告诉你，过程很不容易，但确实值得。

我对广播听众和现场观众都是用了感情标签，当你真正拥有了自己的房子，脚下的草地都会感觉不一样。当你还清抵押贷款之后，可以邀请所有的朋友、亲戚和邻居，来一个"烧掉抵押贷款"的光脚派对。或许当他们看见你这个成功的例子之后，也想要进行金钱再生计划。

要是你来参观我的办公室，就会发现会议室里到处都摆着经历过金钱再生计划的人送来的纪念品。这些展品里有人们寄来的毁坏和残缺的信用卡，他们已经明白，现在选择与众不同的生活方式，才能在未来活得不同凡响。众多展出的纪念品里，有一封被裱起来的信，旁边还有一个塑封袋。这封信和酥油草做成的标本，是我在肯塔基州路易斯维尔的一个商店里，举办一场广播节目听众见面会暨图书签名会时，艾丽娅亲手交给我的。她更喜欢别人叫她艾尔。

从信里的内容可以看出，艾尔的故事很典型，但结局却很不一样。她和她丈夫在 25 岁的时候开始金钱再生计划。他们听了我的节目之后，觉得受够了当时的生活。他们有 2 万美元助学贷款、1 万美元汽车贷款、3000 美元信用卡欠款，以及 8.5 万美元住房抵押贷款，总负债 11.8 万美元。他们的家庭年收入 7 万美元，在 6 年时间里还清了所有的债务。31 岁的艾尔站在我面前，面带微笑，看上去是个年轻自由的女性。她也带来了我最喜欢的礼物：一封信和一个塑封袋。袋子里装的什么？是她后院的酥油草做成的标本。她说："现在我们没有住房抵押贷款，也没有了任何债务，光着脚站在后院的草地上，感觉真的不一样！"

我问她，现在既然没有债务了，接下来打算怎么做？她的回答特别有意思。她说准备和丈夫出去吃顿晚餐庆祝一下。吃晚餐时，要做两件事：第一，从左往右看菜单，尝尝新口味，因为现在钱已经不是问题了；第二，花一笔比每月车贷还款还要多的钱来享受这顿大餐！你看，如果你选择与众不同的生活方式，未来才能过得不同凡响。

艾尔说，接下来她和丈夫要朝着循序渐进法的最后一步迈进了。他们会付出比想象中更多的东西。这对 31 岁的夫妇注定会站在财富的顶端。恭喜你，艾尔，你和你的丈夫让我们看到，真正的金钱再生计划是什么样子。

12 | 疯狂地积累财富：成为万能的金钱先生

你终于走到了步骤七。这是金钱再生计划里的最后一步，而且你已经跻身美国前 2% 美国的社会最高层人士的行列。现在的你完全没有债务——没有房贷，也没有车贷。你摆脱了信用卡的控制，也没有面对什么束缚。美国运通卡已离你远去，你也告别了助学贷款。现在的你完全自由了。你每个月都按照书面预算生活，如果你结婚了，该预算应该得到另一半的同意。你的退休计划，看上去可比狗粮和没有任何保障好太多了。要是你有孩子，你的孩子们不需要助学贷款就可以上大学。你曾经的与众不同，让你现在过得不同凡响。汗水和牺牲，让你重新获得对生活的掌控权，也获得了积累财富最强大的工具——你的收入。

步骤七：积累财富

你执行金钱再生计划的目的是什么？为什么要做这个计划？为什么要做出牺牲？债务缠身、失去对生活的控制，也不需要花费你太多精力，何必费这么大劲呢？你为什么想要拥有财富？如果你认为，财富可以解决生活中所有的问题，让你过得无忧无虑，那就是妄想了。我曾经两次拥有财富，可财富并没有让我无忧无虑。事实上，大部分的麻烦和财富一点关系也没有。财富不是一种逃避机制，而是一种巨大的责任。如果你花了 40 年时间，才拥有了 1800 万美元，你会怎么做呢？

多年来，我一直在美国各地研究、教学甚至宣扬关于金钱的主题，我认为钱只有三种好用途：享乐、投资、赠与。而你用钱做其他的任何事情，都不能代表你有一个健康的精神状态。所以，有一天你有了 1800 万美元，一定要做这三件事。事实上，当你努力走到积累财富这一步时，就应该做这三件事。你已经减重，建立起良好的心血管系统。因为你没了债务，有了应急基金存款、退休长期投资和学费计划，你已经增长了肌肉。在金钱再生计划的这个阶段，你就是有腹肌、胸肌和股四头肌的"阿诺德·施瓦辛格"，万能的金钱先生。你已经有了所有的金钱"肌肉"，是时候有意识地、主动地做一些事情了。我们费力打造的这个金钱"健美身材"不是为了好看，而是为了享乐、投资和赠与。

是的，我们要享乐

在我们每个人的内心都有孩子气的一面，最喜欢的部分就是享乐。我们之前承诺，要是这个"孩子"不调皮捣蛋，就给他买冰淇淋吃。现在这个"孩子"长时间以来一直很听话，那么他应该得到这份奖励。人们需要戴 3 万美元的手表吗？需要开 5 万美元的新车吗？需要住 7 万美元的房子吗？当然了，人们需要。可问题是，人总是在负担不起的时候，才买这些东西。

在第三章谈到的债务骗局中，我们已经讨论过，新车价值下降得非常快，是一种特别糟糕的投资。因为在我们购买的商品中，新车是价值下降最快的，所以汽车贷款通常是除了住房抵押贷款之外，最大的一笔欠款。在我帮助过的进行金钱再生计划的人中，有70%的人不得不忍痛割爱把车卖了，才能让他们从巨额欠款里解脱出来。如果他们不能将自己从巨额贷款里解放出来，就很难攀上循序渐进的高峰。所以，你会发现，有时候我的电台节目会变成一档"卖车"节目。有时，我对所有问题的回答都是"把车卖了吧"。你从我这里听到的最多建议就是"不要买新车"，甚至做梦都能梦到这句话。

有时候，听众打来电话询问，是否可以在进行金钱再生计划的同时购买东西。有时候新听众身陷骗局，打来电话询问是否能买非常荒谬的东西。一开始我还是很友善的，跟她解释说，你现在不能这么做。有时候我也会说："应急基金可比真皮沙发重要。"做广播节目的时候，我面前有一台电脑，上面显示着导播接进来哪些人的电话，他们的问题是什么。不久前我做节目时，在电脑屏幕上看到，迈克尔正在等待与我通话。备注上写着，他想买一辆哈雷摩托车。哈雷非常棒，但是不适合破产的人。因为一辆好的哈雷摩托车要2万多美元。我猜迈克尔今年28岁，有两笔汽车贷款，两个孩子，一个老婆，就是没钱。我想，迈克尔是那种把自己小男孩的幻想放在家庭利益之上的人。

我全副武装，准备好回答他的问题。我不仅要告诉他不能买哈雷摩托车，还要直截了当地指出他对财务问题的错误认识。

我猜迈克大概一年能赚4.8万美元，然后破产了。很明显，他不应该买一辆2万美元的玩具。迈克尔上来就说："戴夫，我做梦都想有一辆哈雷！我打电话来就是想问问，你觉得我该买吗？我能买得起吗？"接下来的几分钟，他一直在说哈雷有多好，很多人都想拥有。为了做出合理判断，我通常都会问打进电话听众的财务状况。于是我问迈克尔去年赚了多少钱。他回答说："65万美元。"我以为他中了乐透，于是又问："哦……那你过去五年，每年平均收入是多少？""大约每年55万美元。"他说。这个回答让我有些抓狂，于是我进一步问："那你有多少钱用来投资""大概2000万美元。"他给出了有力的最后一击。"兄弟，还等什么，快去买哈雷吧！"这就是我的建议。迈克尔买得起2万美元的玩具吗？绝对买得起。对于迈克尔来说，买一辆哈雷就和普通人买一顿儿童套餐一样，没有任何压力。那么他为了享乐，犯了道德上的错误吗？完全没有。这次购买行为，绝对没有任何经济上或道德上的问题，因为这是他应得的。

我给你讲迈克尔的故事，是为了让你明白，金钱再生计划的一个目的就是让你积累财富来享乐。所以玩得开心点！当你坐拥百万美元之后，带上你的家人甚至是整个家族，来一趟7天游轮之旅，买个大钻石，或者买辆新车，这都是你能负担得起的东西。你可以负担得起这些消费，因为当你做这些事情时，你的资金状况几乎不会受到影响。如果你喜欢旅行，那就去吧；如果你喜欢衣服，那就买吧。我现在允许你释放自己，花钱享乐，因为钱就是用来享受的。这种没有罪恶感的享受，就是人们进行金钱再生的三个原因之一。

投资是保持胜利的方法

作为成年人，我们喜欢投资，因为这是拥有财富的一种方式。同时，不断增长的金钱，也是让你在金钱再生游戏中持续得分的办法之一。

我们要赢了吗？现在这个计划似乎真的变成了一个游戏。在电影《贴身情人》里，休·格兰特饰演的角色乔治·维德是个百万富翁，也是个自大的地产商老板。我们不想模仿他的性格，但是电影里有一句描写他对财富的看法的经典台词。他对桑德拉·布洛克扮演的角色说，自己住在一家豪华酒店里，说起来还挺漫不经心地："事实上，这家酒店是我的。我的生活有点像大富翁游戏。"

投资一段时间之后，你就会有同感，"好像大富翁游戏似的"。当你玩大富翁时，有时会领先，有时会落后。市场时而波动，但作为成熟的投资者，我们会选择长期投资，安然度过这些波动。我遇到过走到这一步的人，他们有时会很害怕，因为正好到了退休的年纪，但是投资似乎在走下坡路。不要害怕。如果你的投资有长期良好记录，那么过段时间就会上涨回来。此外，你也不需要所有退休金，你只需要其中的部分收入来生活。既然不需要全部退休金，就不要在市场最低迷的时候变现，这么做很愚蠢。"高买低卖"并不是致富方法。在靠着养老金收入生活的同时，要对市场有耐心。

除非你有 1000 万美元，可以选择更复杂的投资方式，不然我建议你投资得简洁明了一些。如果你的投资很复杂，你的生活就会被一些不必要的压力搞得一团糟。我的投资就很简单——使用共同基金和无债务房地产作为投资组合，还可以获得一些基本的税收优惠政策。当你到了这一步时，如果想要拥有一些有偿房产，将会是件有趣的事。

管好你自己的钱吧。你需要一群头脑精明的人伴随左右，但是必须自己拿主意。如果这群人可以用你能理解的方式解释复杂的问题，那么他们绝对比你聪明。如果你的某个团队成员希望按照他／她的方式做事，因为"我是这么说的"，那么换个队员吧。你是在收集建议，而不是雇一个爸爸。上帝并没有赋予他们管理这笔钱的责任，而是给了你。很多社会名流和职业运动员，经常因为放弃管理自己的钱，而失去所有的财富。丢了你辛苦投资的投资经理，并不会像你一样活在遗憾和痛苦中。圣经说："谋士多，人便安居"（《箴言录》第 11 章第 14 节）。出色的遗产规划律师、注册会计师或税务专家、专业保险人员、投资专业人士和优秀的房地产经纪人，都是应该聚集在你身边的重要的团队成员。我非常赞同使用财务规划师，不过他们应该是你的团队成员，而不是队长。

当你选择理财团队来合作时，有一点很重要，那就是选择那些有传道授业解惑之心的人，而不是只为销售或者自诩"专家"的那些人。销售人员只为追逐佣金，而且考虑的都是短期利益；"专家"也无法有效地帮助你，因为他们总是摆出高高在上的态度。搞笑的是，这些人通常不如你有钱。此外，在接受建议时，你要评估一下给出建议的人是否会从中获利。如果你的保险专家，每周都能给出很多更好的保险方案，那么你可能就遇到问题了。并不是说每个从你身上赚佣金的人都想占你便宜。有很多只靠着赚佣金生活的理财人士，人品非常正直。你只是需要注意可能发生的利益冲突。有关我在您所在地区认可的税务、保险和房地产供应商的完整列表，请访问 daveramsey.com/elp。想要找到合格的投资专家，请访问 daveramsey.com/smartvestor。

我是一名教师。大家都知道老师工资不高。我们的年收入不到 4 万美元，有一个收养的儿子，没有未来的财务计划。我知道我们必须做出改变。我们在教堂里了解到了戴夫和他的计划，深受鼓舞。

我们制定了一个目标，希望在五年内还清5万美元的抵押贷款。想要金钱成功地改造，我们必须放弃度假和昂贵的玩具，同时缩紧预算。但是我们都对这个计划的结果感到兴奋。

与此同时，我还开展了自己的副业——报税和eBay网店，这样我们的收入又增加了1.5万美元用于偿还欠款。你可能认为，有了多余的收入，五年还清5万美元的抵押贷款应该很容易。不过我们有更重要的事情要做，那就是从中国领养一个小女孩。领养费用大概1.7万美元。就在我们认为自己生不出来时……惊喜降临！但是医保里不包括分娩的费用，我们的欠款又增加了5000美元。

随着家庭的壮大，我们摆脱房贷的决心也就越来越强烈。赞美万能的主啊！我们用了不到四年时间就做到了！这比之前的计划整整提前了一年。这也证明，我们能做到的事，任何人都能做到。

现在我们远离了欠债，这感觉太棒了。我们不再受金钱的控制，这是一种平和的感受。尽管我仍然是一名教师，妻子仍然在家带孩子，但现在我们可以出去度假，买昂贵的东西了。另外，我们从中国又领养了一个小女孩，四口之家靠着我这份教师的薪水就可以生活。我们还可以给那些关注中国孤儿的人和组织免费捐款。

我们以从未有过的方式捐赠、储蓄。最重要的是，我们过上了上帝想让我们过的日子。

基思·麦金蒂（40岁，数学老师）
凯伦·麦金蒂（42岁，全职妈妈）

在步骤七（积累财富）中，还有一个分步骤b，这是致富过程中的第二个里程碑，叫作"登顶"。

我在美国田纳西州的山区长大，习惯了骑自行车爬山。对于一个只有自行车这一个装备的 7 岁孩子来讲，一座大山丘就像珠穆朗玛峰一样。我不知道是哪个孩子发明的，但是小孩子骑车爬山的技术已经传承了好几代，那就是走"之"字形路线。不是直着往上骑，而是费力地左摇右晃走蛇形，一点点地攀上田纳西的山。上山的路上，挂在车上的棒球员卡片一下一下地打在链条上，发出咔哒——咔哒的声音。骑了一会儿就热得不行，汗如雨下。在这一刻，这个 7 岁的孩子调动身上每一块肌肉，脸上扭曲而充满决心的表情，就好像去年的万圣节面具。手臂上的肌肉每拉动一次车把，力量就传到腿上推动一次脚踏板。推、呼吸、再推、呼吸……直到骑上山顶。

在山顶看到了什么呢？我们当中那些愤世嫉俗的人只会说："还要爬另一座山。"而心中还有小孩子那种坚韧决心的、还有梦想和信仰的人，知道山顶有什么。那些攀上过难以置信的高峰的人，知道我在夏日的田纳西，在山顶上发现了什么。我发现了一个完美的瞬间。那是你最后一次踩下脚踏板，登上山顶的瞬间；那是你经历痛苦、汗水和努力之后，脸上绽放笑容的瞬间。在你站在山顶，冲下山坡之前的那一刻，就是"顶点"。

冲下山坡的过程也很美好。风吹过头发，你的脚不再蹬脚踏板，而是享受地放在车把上。链条发出的咔哒声越来越密集，就好像无数只蟋蟀在叫。你非常享受下坡的旅程，不出力的滑行就是你的劳动成果。阳光照在身上，之前的紧张、汗水和多次濒临失败的记忆慢慢消退，风吹过耳边，似乎在轻声低语："你是最棒的！你做到了！你爬上山顶了！你没放弃！你的付出赢得了胜利！"而你发自内心的笑容也在说："这就是成就感。"

你可能觉得我形容得太夸张，但是我也不在意。要是没有点感情色彩，很难描述达到"顶点"的感受。循序渐进计划可以将我们带到这个"顶点"，让你的钱比你还努力。就在这一刻，羚羊般的紧迫感似乎到了临界点，你的钱似乎有了自己的生命。

并不是说你到了这个点就要放弃生活。你还需继续管理并掌控金钱的方向，但是钱自己会动，你只要滑下山坡就行。财富会自己奔向你。纳税申报表上的错误会对你有利，国税局（IRS）发现后会主动退给你钱和利息。当然这是不可能实现的梦，但是你明白我的意思。

当你的钱比你还努力时，你就正式步入有钱人的行列。当你靠着投资收入就能生活得很舒适时，你的财务就安全了。钱是个勤奋的工作者，比你还努力。钱从不生病、怀孕或者残疾。钱一天工作24小时，每周7天。只要有了方向和一个坚定不移的主人，钱就能自己把工作做完。

当你可以靠着退休储蓄的8%生活的时候，你就达到了富有的顶点。算算吧，把你的积蓄乘以0.08看看是多少。如果你能靠着这个数字活得很好，甚至还有富余，那么你就可以享受地滑下山坡。恭喜你！你的钱比你还努力工作！通过这个计算，你可以了解要达到这个财务安全的里程碑，你还有多远的路要走。你可以计算出达到顶点需要多少储蓄，然后动用所有可用的收入，看看多少年可以爬上山顶。相信我，顶点之后，就只剩下舒服的下坡路了。祝你骑行愉快。

赠予是整个过程最好的回报

当你学着金钱的最后一个作用——赠予别人——你内心最成熟的

部分就会遇到内心里的那个小男孩。赠予可能是你在金钱中获得的最大乐趣。享乐很好，但终有一天你会厌烦打高尔夫和旅游，任何的山珍海味最终也会味同嚼蜡。投资也很好，可当你一遍一遍地玩着大富翁游戏，尤其当你到达顶点之后，就会失去最初那种吸引力。我遇到的每一个身心健康的人，都被赠予点亮了生活，当然前提是他们生活中的光一直存在。我可以向你保证，在见过无数百万富翁后会发现，他们共同的特点就是对"赠予"的热爱。

只有强者才能帮助弱者，金钱亦是如此。蹒跚学步的儿童是不允许抱着新生儿的，只有那些有着强壮肌肉，可以确保安全的成年人，才能抱新生儿。如果你想帮助别人，大多数情况下，没有钱是无法办到的。圣经里写道，纯粹的宗教实际上是在帮助穷人，而不是将贫穷的原因理论化。玛格丽特·撒切尔曾说："如果乐善好施的人只有好心，没人会记得他。他还得有钱。"好心人除了有一颗善良的心，还必须有鼓鼓的钱包，才能给旅店老板钱，让他帮忙照顾这个受伤的人。钱要参与整个事件当中，钱在这个时刻才是最好的。金钱会赋予美好愿望以力量。这也是我要大力提倡积累财富的原因。

我父亲在我 5 岁时就去世了，我一直和妈妈还有两个姐妹生活。妈妈为了生活尽了最大努力，不过我从没和别人真正聊过理财的问题。所以最后我深陷债务，买了很多没用的东西。

和妻子结婚之后，我们有了一个女儿。我们俩决定必须摆脱债务，并且开始为将来存钱。因为我们对钱有自己的看法，所以花了好一阵子才制定出计划。不过最终，我们还是决定倾尽全力来摆脱债务！

我们还清了 5 万美元欠款，没有新的信贷产生，这让我们的 FICO 评分受到打击。但是我们不在乎，不再崇拜这个所谓万能的信用评分了！我们剪掉所有信用卡，存了 1 万美元的应急基金，现在除了房子，已经没有其他债务了！

现在我们的财务状况很好，足以让我们在需要时拿出钱帮助别人。去年，我女儿的朋友刚开学就失去了父亲。她的母亲暂时伤残，收入微薄，私立学校的学费成了她沉重的负担。我知道失去父母的痛苦，也不希望儿女的朋友要面对失去父亲的悲痛和转学的局面。所以我和我妻子决定挺身而出，帮助这个小女孩付一年的学费。她能在生命中最艰难的时刻，仍然可以和朋友们在一起。我们也非常开心能够帮到她！

购物会让你感觉很好，但是赠与会让你觉得做了对的事。我们感谢上帝教会我们如何理财，让我们找到经济上祝福他人的办法。世界上任何东西，都比不上帮助有需要的人那种满足感。

罗恩·布鲁尔（44 岁，销售）

特蕾莎·布鲁尔（46 岁，儿童诊所员工）

赠送财富

遗憾的是，我遇到很多人，他们尽可能地回避金钱的这三种用途，错误地认为这样就可以得到更多钱。埃里克·巴特沃斯讲过一个在丛林里抓猴子的有趣办法。捕猎者会准备一些瓶颈很长、很重的玻璃瓶。每个玻璃瓶里都会放一些香甜的坚果。猴子被坚果的香气吸引，靠近瓶子，将手伸进瓶子里拿坚果。但是由于瓶颈狭窄，攥了坚果的拳头没法抽出来。只有放弃坚果，手才能拿出来，但是猴子很显然不愿意这么做。瓶子太沉又搬不动，所以猴子因为贪婪，被困在陷阱里。我们可能会嘲笑这些傻猴子，但是有多少次，仅仅因为贪婪，我们的自由就被夺走了呢？

我们大多数人，都曾在某一时刻赠予别人某些东西。不过当好人有钱之后，我也见过一些真正有趣的事情。当你的钱完全改造了之后，你就可以做一些有一定规模的善事。我有一个朋友，每年都要给市政府部门买 75 辆自行车。他在圣诞节时购得这些自行车，和一个了解当地家庭的传教士团体合作，给住在政府补贴房里的孩子每人一辆自行车。这个项目里充斥着毒品和犯罪，但是每年的这一天，这些年轻人只看到这个不求回报的善人。

我的另外一个牧师朋友，参与了一个叫作"善良的种子"慈善活动。一位不愿意透露姓名的教友，给了所有教众5万美元，让大家每次给出100美元行善。教众不得私自使用这笔钱，也不可以接受任何回报。这笔钱应尽可能以个人名义捐赠。就这样，100美元钞票在城市里人与人之间传播着，得到了非常惊人的效果。那些对上帝失去信息的人，被这100美元的馈赠动摇了。赠予者永远比接受者更能享受这种乐趣。

神秘的圣诞老人

我们都曾看到过赠予的力量。《今日美国》（USA Today）在好几年里，跟踪报道了一个自称神秘圣诞老人的男子。神秘圣诞老人在圣诞节时游走于街头，送出100美元钞票，不要任何回报。有时他会把钱给那些需要的人，有时只是单纯的赠予。每年他都要送出大概2.5万美元。多年前，他在家乡堪萨斯城开始了这项传统，后来蔓延至美国各地。911事件后的纽约街头，遭到狙击手袭击后的弗吉尼亚/华盛顿地区都有他的身影。他只是走在街上，递给人们100美元钞票。他得到了惊人的反馈，也听到了很多美好的故事。

1971年的冬末，他还是一名推销员。公司破产，他也跟着破产了。他在车里睡了八天，去迪克西餐馆吃饭的时候，他已经两天没吃过东西了。他在餐馆里吃了一顿丰盛的早餐，等到人群散去，然后装出钱包丢了的样子。餐厅老板兼厨师汤姆·霍恩，走到他旁边坐了下来，捡起一张20美元的钞票说："孩子，这是你掉的吧。"后来神秘圣诞老人才意识到，老板汤姆故意陪他演了一场戏，给了他20美元让他摆脱困境的同时保持尊严。开车走后他说："主啊，谢谢你让我遇到这个人。我发誓以后我有钱了，也要这么做。"

1999年，神秘圣诞老人已经是一名非常成功的商人了。他找到了当初帮他的汤姆·霍恩。汤姆已经85岁了，住在密西西比州的图佩洛镇。神秘圣诞老人带着圣诞老人的帽子，站在汤姆家的门廊上问他，还记得1971年那个饥肠辘辘的年轻人吗。他问汤姆，觉得当时那20美元应该值多少钱。汤姆笑着说："怎么得有1万美元吧。"然后神秘圣诞老人递给汤姆一个信封，里面装着1万美元现金。当然，汤姆想要推回去，但是神秘圣诞老人最终获胜。汤姆把这笔钱存进银行，说可能需要用这些钱来照顾患老年痴呆症的妻子。

霍恩是这样评价神秘圣诞老人的："他做这件事不是为了得到感谢或赞美，而是完全出于好心。"他在赠予中过了几个圣诞节之后说："让人们从困境中抬起头来，看到他们脸上的笑容，难道还有比这更好的吗？"我想我知道他为什么这么做。因为赠予是他能用钱得到的最大快乐，不尝试你就永远不会知道这种感受。

几年前，这位神秘的圣诞老人的身份被揭开了。他叫拉里·斯图尔特，来自堪萨斯城。拉里之所以透露自己的身份，是因为在捐出去130多万美元之后，他被确诊了癌症。拉里的愿望，是我们都可以继承这个传统，成为神秘的圣诞老人，在未来继续赠予更多人帮助！

三件事都要做

金钱只有三种用途：享乐、投资和赠予。没有做到这三方面，就不能说你完成了金钱再生计划。你不必买哈雷、投资上百万或者捐赠2.5万美元，但是每方面你都应该做点什么。我之前也说过，在进行每一步骤时，都要涉及这三方面。在循序渐进的第一步开始，就要赠予，哪怕挤出自己的一些时间，为无家可归的人送一碗热汤。享乐也要从一开始就有，当然我们讲的是不花钱地找些乐子。随着每一步的完成，你能享受的乐趣也越来越大。而投资，当然始于步骤四（将收入的15%用于退休计划）。如果做不到这三点，你就没有充分利用你的钱，享受你的钱。

没有用钱享乐的人抓错了重点；不投资的人就永远不会有钱；不赠与的人就像那只爪子被困在瓶子里的猴子。每一方面都要做一些。如果你结婚了，要适当让你的另一半放松一下。在完成了应急基金这一步之后，让彼此在自己最喜欢的领域发挥作用。我的妻子莎伦，天生就是个存钱罐，总在投资的时候作弊。而我天生就挥金如土，所以我要确保她及时享乐。我们都很享受赠予。

再踩一脚踏板，有需要的话要走之字形路线前行，失败不是你的选择。推！用力推！我向你保证，那些无数在金钱再生计划里达到顶点的人向你保证，山顶之后是美好的下坡滑行。请跟我们一起骑上顶峰把！

在怪胎成为时髦之前，我就是个怪胎。17岁时，我就开始为自己第一套房子存钱。23岁时就付清了一半的首付。而我的妻子则和我不同。在我们结婚时，她有13张信用卡，总共3万美元的汽车贷款。作为新婚夫妇，我知道这种情况不可取，所以我们一致同意，要摆脱债务。

尽管我妻子有些不情愿，我们还是开始努力偿还消费债和9.5万美元的新房贷款。这时我了解到了金钱再生计划，并且更加专注还债这件事。我用自己的工具，开展了一项草坪护理的兼职工作，我的岳母也同意我使用她的割草机，前提是每周六我都帮她修剪草坪。就这样，我们开始慢慢付清各种账单。

我妻子的愿望就是当全职妈妈。在紧缩的预算和蒸蒸日上的草坪护理业务的帮助下，我们十个月内就消灭了消费债。我们决定要孩子，我妻子也可以实现她的愿望。很长一段时间内，我们基本把每一分钱都用来还债。而今天我们可以自豪地大喊："我们无债一身轻了！"

我们再也不会为了钱，吵得面红耳赤了。要是什么东西坏了，就修好或者换个新的。现在这都不是事。我也可以有很多时间陪伴家人。我们彼此做出的牺牲，让整个家庭有了光明的未来。

房贷还清之后不久，我们就开始了步骤七。我告诉你……捐钱的感觉真是太好了，尤其没有债务的时候，很轻松就能办到。我们都已经建立了传统的以及罗斯个人退休账户，也给两个儿子建立了大学教育基金。投资是关键！你必须现在就做，因为时光无法倒流。在以后的日子里，你会因此很开心。现在，我们可以按照自己的方式，决定什么时候退休。目前，我们有 10 多万美元的退休基金，9 万美元存款，现在房子的价值也有 45 万美元，我们还用现金买了两辆新车。所以我的身份象征，就是还清贷款的房子和车道上停着的宝马。

卢克·洛科特克（36 岁，高级程序分析师）

劳拉·洛科特克（34 岁，家庭主妇）

13 | 过上与众不同的生活

刚刚读这本书的时候，你的财务状况很糟糕。债务让你"超重"，储蓄让你"身材走形"，你急需一位私人教练的指导。在书中，你也看到无数普通人，如何通过努力，让自己达到财务的"良好身材"。这是一本关于摆脱债务和积累财富的书。然而，金钱再生计划里也有一个问题。这个问题很简单，因为计划有用，所以是"经过验证的计划"。只要你按照计划来，就会有效果。这个计划非常有效，以至于你在接下来的 20 到 40 年里会富有。而变得富有就会出现一个问题，你可能会变财迷。我们很容易崇拜金钱，尤其手里有钱之后。

财富：虚假的安全感

根据《箴言录》第 10 章第 15 节，一个富人的财富可以成为他的城寨。在圣经时代，城寨周围的城墙是用来防御敌人的。如果你对财富抱有错误观点，那么财富就会破坏你的平静生活。如果财富让你觉得自己赚了点钱就是个大人物，那么你就误解了金钱再生计划的意义。如果一个富人被他所拥有的财富所支配，那么他并不比书中那些负债累累的人好到哪儿去。法国作家安托万·里瓦罗尔曾说："很多人从财富中获得的唯一东西就是对失去财富的恐惧。"

你已经从书里了解到我对于建立财富体系的方法，可能会认为我相信物质是得到幸福、情绪健康和精神成熟的答案。如果你这么想就错了，因为我知道事实并非如此。相反，我看到巨大的财富是一种真正的精神危险。这个危险就是老式物质主义。兰迪·奥尔康在他的巨作《金钱、财产和永恒》里，对物质主义进行了深入探讨。兰迪讲到了一种在美国肆虐的疾病——"富贵病"。富贵病是一种对一些富人及其子女产生影响的疾病。很多富人及其子女会在消费中寻求幸福、安慰和满足感。这就有一个问题。他们让物质做一些本不该做的事，结果只能看空手而归，最终抑郁或者自杀。他们发现了保险杠贴纸上的金句："金钱乃身外之物，生不带来，死不带去。"物质很好，你也需要一些物质的东西，但是不要让追求财富成为主导你的上帝。

我和我的妻子都有一种担心，担心我们的财富对于孩子来说是祸，而不是福。所以我们在对待关于孩子们的工作、储蓄、赠予和花销问题上都极为严格。在孩子们还小的时候，我们就对他们有很多期望。我为我孩子们养成的性格感到骄傲。他们和自己的父母一样，不完美，但是做得很好。我的一个孩子在十几岁时跟我抱怨："你知道作为戴夫·拉姆齐的孩子有多累吗？爸，你对我们太严格了，我们得自己买车，自己管好支票簿。我们一点喘息的机会都没有。"而我对此的回答是，之所以这么严格，是因为有一天他们会继承我们的财富。而这笔财富要么会毁了他们的人生，要么会成为他们实现伟大目标的工具。

只有当我们意识到，财富不是解决生活问题的答案时，金钱再生计划才能给你、我、我的孩子们带来好消息。而且我们必须进一步意识到，财富非常好，同时也带来了巨大的责任。

另一个悖论是，财富会放大你的本性。让我们来想一下。如果你是个混蛋，有钱之后就会变成混蛋头头；如果你很慷慨，有钱之后就会变得更慷慨大方；如果你很善良，财富会让你以无法估量的方式展示你的善良；如果你感到内疚，财富会保证你在余生都感到内疚。

对金钱的狂热才是万恶之源

圣经里、历史上和我国的很多英雄们都很富有，包括戴夫王、所罗门、约伯和大多数开国元勋。现在有一种消极的心态，认为金钱平庸会让人发狂。财富并不邪恶，拥有财富的人也不邪恶。混蛋也不分贫穷贵贱。达拉斯·魏乐德在《纪律的精神》一书中说道，使用财富，是因为其可以消费；信任财富，是因为可以依靠其提供的事物；而拥有财富，就是有权决定财富该用在哪里，不该用在哪里。

如果你是个好人，你就会发自内心地用自己的财富去为人类做贡献。问题的关键在于，如果你认为管理财富是邪恶而充满欲望的，那么你已经在默认把财富留给邪恶和欲望之人。如果从精神层面讲，财富是不好的，那么好人无法拥有，只有坏人才有资格得到。好人的责任是拥有财富，这样才不会落入坏人之手。如果我们都抛弃金钱，只因某些误入歧途之人称钱是罪恶的，那么世上唯一的有钱人，将会是色情文学作家、毒贩子和皮条客。道理很简单，不是吗？

给你带来希望

我想现在你应该可以看出，金钱再生计划讨论的不仅仅是金钱的问题。这个计划让你面对镜中的自己，面对生活中的情感、人际关系、身体甚至是精神层面。我认识的那些有钱人，不仅对金钱做了改造，而且对生活也进行了改造。个人理财 80% 靠行为，20% 靠头脑，所以在这个过程中，要么你的生活发生改变，要么你以悲惨告终。我用很精神层面的东西来结尾这本书，但是精神也是行为合理的一方面要素。我看到那些思想完整成熟的人，将"金钱衣柜"整理干净后，就变成了上帝希望他们变成的模样。上帝为你的人生安排了计划。这个计划不会伤害你，而是给你的未来带来希望。（见《耶利米书》第 29 章第 11 节）

我希望你可以从书中获得希望，希望你可以像书中写到的那些故事一样，希望你可以将金钱麻烦转变成金钱成就，希望你可以体面地退休，希望你可以改变整个家庭，因为积累财富可以留下遗产，希望你用从来没有过的方式来赠予。是时候让自己变成一只"羚羊"了，是时候告别理论，开始实践了。这些原则很古老，但是绝对管用。无数像你我一样的普通人，都通过这个计划摆脱债务甚至变得富有。这不是魔术，而是常识。好消息是，任何人都可以做到，是任何人。你会是下一个吗？我希望你能。

金钱再生计划的冠军们

当这本书第一次发行时，我们同时举办了一个相关竞赛，看看谁能在 6 个月的时间里最大限度地改变财务状况。我收到无数人寄来的故事，也非常开心有幸读到你们精彩的成功故事。我真的想带所有人去巴哈马群岛玩，但遗憾的是，我只能带进入决赛的前十名选手。在亚特兰蒂斯，我们给一家人颁发了 5 万美元大奖，他们是钱斯和金柏莉·莫罗以及他们的五个孩子。在那之后，莫罗一家人继续自己金钱再生的旅程。

几年前，我们深陷5.6万美元信用卡欠款，
当时收入只有3.5美元。每月最低还款额都要高
达1200美元！一位理财顾问说告诉我们，要花
40年才能还清债务。我们对此感到绝望，不断
积累债务，用信用卡支付最基本的生活支出，比如超市购物，以及任
何计划外的事情，比如修车。

钱斯开始听戴夫·拉姆齐的节目。好久之后他才不情愿地让我也
一起听。我很快意识到，戴夫有一个可行的计划。当我们两个人都为
此兴奋时，我们再也不会走回头路了！

那个圣诞节，本来我们计划用钱斯的奖金支票，购买一棵华丽的
圣诞树。但当我们意识到，那张支票还不到1000美元时，我们决定摆
出那棵像查理·布朗一样细小的圣诞树。而这不到1000美元的支票，
被我们用在了步骤一。

我们立即停用所有（10张）信用卡，并且定下目标，第一年还清
1万美元债务。我们第一次有了书面的预算。我们尽可能砍掉所有支出，
哪怕金额很小。钱斯每天疯狂加班，我们还举办了两次车库大甩卖，
基本把所有东西都卖了。等到下一个圣诞节，我们超额完成了年初制
定的目标，还清了1.4万美元债务。

钱斯决定让计划更上一层楼，于是找了一份送披萨的兼职，每周
送5晚。所有的安排都太疯狂了，但是我们正在向债务发起进攻！我
们还接受了金钱再生计划的挑战赛，以此来激励自己。

然后我们有所顿悟，要是卖了房子，我们就可以摆脱抵押资产的

净值，获得债务自由。我们听从了戴夫的建议，准备卖房子。我们花了几个月的血汗与泪水，房子一旦准备好，我们在一个星期内就可以签合同。这样我们不仅没有负债，还有了 6 个月的应急基金。

后来我们接到电话，成为了挑战赛的决赛选手，要前往亚特兰蒂斯。这对我们的辛勤努力来讲，绝对是一场胜利。在亚特兰蒂斯，当戴夫宣布我们是挑战赛的冠军时，我都惊呆了，因为进入决赛的这些人都非常棒。

我们将一部分奖金捐给了教堂，带着孩子去旅行，来庆祝这场胜利，然后将剩下的钱存下来当首付。但是我们收获的，比这张大支票更大的，是生活上的改变。这样的团队合作，不可思议地巩固了我们的婚姻，孩子们也不会记得曾经被债务束缚的岁月。最重要的是，这个计划为我们带来了平静。要是之前我们赢得了 5 万美元奖金，肯定愚蠢地花个精光，然后还不知道钱花哪儿去了。

在开始金钱再生计划的 4 年后，包括新房在内，我们没有了债务。这比当初那个财务规划师的估计早了 36 年。这完全是由于戴夫的计划以及这趟旅行。钱斯还与自己 21 岁的儿子团聚了，这个孩子他从一出生就没见过。当时的经济状况，钱斯可以直接坐上飞机去看他的儿子本，因为我们可以付得起费用。为了庆祝，钱斯、本还有我们 10 岁的儿子杰特，今年夏天重回亚特兰蒂斯。就像戴夫说的那样：如果你选择与众不同的生活方式，未来才会上与众不同的生活。。

我们还在用着那棵细小的圣诞树。现在它已经成为了我们的成就、我们成为了什么样的人，以及如何改变整个家庭的象征。

戴夫在这本书上签了一段《罗马书》第 12 章第 2 节中的格言："改变吧！"按照戴夫的计划，其实也是上帝的计划，我们的确这么做了。这绝对是财务、关系和精神上惊人的改变。

我们想让所有人都知道，他们也可以获得经济上的平静。我们分享自己的故事，希望看到的人认为这是真的可能发生的，也值得付出所有的努力。

金柏莉·莫罗（40 岁，全职妈妈）

钱斯·莫罗（40 岁，电缆维修员）

附录 ┃ 金钱再生工作表格

每月现金流计划

没错，这张预算表格有很多空格需要填写。

但是没关系。之所以这么做，是为了把你能想到的几乎每一笔支出都列在这张表上，以免忘记哪个支出项。不必将整张表格填满，只需要填符合你情况的内容即可。

步骤 1

在右上方的空格里（A）填写每月实得工资。这个数字就是你每个月的总预算。到目前为止还不错，对吧？

步骤 2

每个主分类——例如"食物"——下面都有几个次级分类，例如"食品杂货"。从上到下先依次填写预算这一栏（B），然后将所有次级分类的金额相加，填在总计的空格中（C）。

同时，留意一下戴夫建议的百分比（D）。这个百分比可以帮助你不会在某一分类上分配太多的钱。

步骤 3

最后，将实得工资金额填写在这一页上面的空格里（E），然后将所有分类里分配的金额相加，填写在分类总计的空格里（F）。用实得工资减去分类总计，最后应该得到零（G）。是不是感觉还不错？

E ⟶ ▢
F ⟶ ▢
G ⟶ ▢

步骤 4

每月底，将你这个月的实际支出金额填写在支出（H）一栏中。这样可以帮助你对下个月的预算做出必要调整。

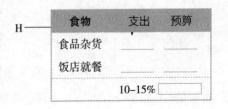

食物	支出	预算
食品杂货		
饭店就餐		
	10–15%	▢

每月现金流计划表

每月实得工资 ▢

将预算一栏金额相加
填在这里

慈善捐款	支出	预算
什一税		
捐款捐物		
	*10–15%	▢

这些图标代表使用现金信封的好选择

食物	支出	预算
食品杂货		
饭店就餐		
	*5–15%	▢

存款	支出	预算
应急基金		
退休基金		
大学教育基金		
*10-15%		

衣物	支出	预算
成人		
儿童		
洗衣费		
*2-7%		

住房	支出	预算
第一套房贷款 / 租金		
第二套房贷款		
房地产税		
房屋维修费		
协会会费		
*25-35%		

交通费	支出	预算
油费		
修理及轮胎		
执照及税款		
更换汽车		
其他		
*10-15%		

公共事业费	支出	预算
电费		
燃气费		
水费		
垃圾费		
手机 / 电话费		
网费		
有线电视费		
*5-10%		

医疗 / 健康	支出	预算
药品费		
看医生费		
看牙医费		
配镜验光费		
购买维生素		
其他		
其他		
*5-10%		

* 戴夫建议的百分比

保险	支出	预算
人寿保险		
健康保险		
屋主 / 租户保险		
汽车保险		

娱乐消遣	支出	预算
娱乐		
度假		
*5-10%		

保险	支出	预算
残障险		
身份盗用险		
长期护理险		
*10–25%		

个人费用	支出	预算
儿童看护		
洗漱用品		
化妆品 / 洗发用品		
教育 / 学费		
书籍 / 日常用品		
子女抚养费		
赡养费		
订阅报刊		
组织会费		
礼物（包括圣诞节）		
更换家具		
零花钱（丈夫）		
零花钱（妻子）		
婴儿用品		
宠物用品		
音乐 / 高科技产品		
杂费		
其他		
其他		
其他		
*5–10%		

债务	支出	预算
汽车贷款 1		
汽车贷款 2		
信用卡欠款 1		
信用卡欠款 2		
信用卡欠款 3		
信用卡欠款 4		
信用卡欠款 5		
助学贷款 1		
助学贷款 2		
助学贷款 3		
助学贷款 4		
其他		
其他		
其他		
其他		
其他		
你的目标是 0% *5–10%		

当你填完所有分类之后，用实得工资减去所有分类金额相加之和，看看等于多少

如有必要，可使用《收入来源》表 ⟶ ____

将每个分类金额相加 ⟶ ____

记住——零基预算的目标是这里的数字为零 ____

支出分配计划

生活中方方面面都要用到钱。花钱之前最好先在这页上花些时间。

所谓分配，是"当你需要花钱时"比较高端的说法。这个计划是基于你每个月的现金流计划而建立的，通过你的发薪周期，将收入进一步细分。表格中的四栏代表一个月的四周。如果你结婚了，请把你配偶的收入和你的收入合起来进行分配。

步骤 1a

在空格 A 里填写发薪周期。发薪周期指的是你多久收到一次支付薪水支票。举个例子，假如在七月份你分别在 1 号和 15 号收到薪水支票，那么发薪周期则是 7/1 到 7/14。

发薪周期日期

发薪周期薪水金额

步骤 1b

将这个发薪周期收到的薪水金额写在空格（B）里。

步骤 2

在预算一栏（C），填写你的预算是多少。在剩余金额（D）一栏中，累计记录这段发薪周期所得到的薪水还剩多少。

住房	预算	剩余金额
第一套房贷款 / 租金	945	285
第二套房贷款		
房地产税	150	135

步骤 3

一直记录，直到剩余金额一栏（E）为零。当剩余金额的数值为零时，这段发薪周期的预算就做完了。

配镜验光	40	95
购买维生素	20	75
其他		

E ———————→

步骤 4

如果在这一栏（F）最后还有剩余的钱，回到表里对某一项进行调整，比如存款或者捐款等，这样保证每一分钱都有自己的去处。

其他 最终有线电视费	40	35
其他 买花	35	0
其他		

F ———————→

支出分配计划表 1

发薪周期日期				
发薪周期薪水金额				

收入
− 什一税
= 该发薪周期内所剩预算金额

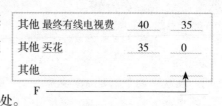

慈善捐款	预算	剩余金额	预算	剩余金额	预算	剩余金额	预算	剩余金额
什一税								
捐款捐物								

"剩余金额"减去"预算"

储蓄	预算	剩余金额	预算	剩余金额	预算	剩余金额	预算	剩余金额
应急基金								
退休基金								
大学教育基金								
其他								
其他								

住房	预算	剩余金额	预算	剩余金额	预算	剩余金额	预算	剩余金额
第一套房贷款/租金								
第二套房贷款								
房地产税								
房屋维修费								
协会会费								
其他								
其他								
公共事业费	预算	剩余金额	预算	剩余金额	预算	剩余金额	预算	剩余金额
电费								
燃气费								
水费								
垃圾费								
手机/电话费								
网费								
有线电视费								
其他								
其他								

发薪周期日期

当"剩余金额"的数值为零时，这段发薪周期的预算就完成了。

食物	预算	剩余金额	预算	剩余金额	预算	剩余金额	预算	剩余金额
食品杂货								
饭店就餐								
衣物	预算	剩余金额	预算	剩余金额	预算	剩余金额	预算	剩余金额
成人								
儿童								
洗衣费								

交通费	预算	剩余金额	预算	剩余金额	预算	剩余金额	预算	剩余金额
油费								
修理及轮胎								
执照及税款								
备用汽车								
其他____								
其他____								
其他____								

医疗 / 健康	预算	剩余金额	预算	剩余金额	预算	剩余金额	预算	剩余金额
药品费								
看医生费								
看牙医费								
配镜验光费								
购买维生素								
其他____								
其他____								
其他____								
其他____								
其他____								
其他____								

支出分配计划表 2

发薪周期日期				
发薪周期薪水金额				

保险	预算	剩余金额	预算	剩余金额	预算	剩余金额	预算	剩余金额
人寿保险								
健康保险								

保险	预算	剩余金额	预算	剩余金额	预算	剩余金额	预算	剩余金额
屋主 / 租户保险								
汽车保险								
残障险								
身份盗用险								
长期护理险								

个人费用	预算	剩余金额	预算	剩余金额	预算	剩余金额	预算	剩余金额
儿童看护								
洗漱用品								
化妆品								
教育 / 学费								
书籍 / 日常用品								
子女抚养费								
赡养费								
订阅报刊								
组织会费								
礼物（包括圣诞节）								
更换家具								
零花钱（丈夫）								
零花钱（妻子）								
婴儿用品								
宠物用品								
音乐 / 高科技产品								
杂费								

个人费用	预算	剩余金额	预算	剩余金额	预算	剩余金额	预算	剩余金额
其他＿＿								
其他＿＿								
其他＿＿								

发薪周期日期

娱乐消遣	预算	剩余金额	预算	剩余金额	预算	剩余金额	预算	剩余金额
娱乐								
度假								
其他＿＿								

债务	预算	剩余金额	预算	剩余金额	预算	剩余金额	预算	剩余金额
汽车贷款 1								
汽车贷款 2								
信用卡欠款 1								
信用卡欠款 2								
信用卡欠款 3								
信用卡欠款 4								
信用卡欠款 5								
助学贷款 1								
助学贷款 2								
助学贷款 3								
助学贷款 4								
其他＿＿								
其他＿＿								
其他＿＿								
其他＿＿								
其他＿＿								
其他＿＿								

债务	预算	剩余金额	预算	剩余金额	预算	剩余金额	预算	剩余金额
其他								
其他								
其他								
其他								
其他								
其他								
其他								

不固定收入计划

有些人的发薪支票都一样，有些人的却不一样。

如果你是自由职业人士或者销售人员，肯定明白我说的意思！但这并不意味着你就可以不做预算。事实上，这个表格就是为了这种情况而设定的！不注意的话，债务和支出会很容易超过收入。你需要掌控自己的钱的去向。

步骤 1

根据你每个月合理预期的收入，填写每月现金流表格。要是不确定的话，就使用去年某个月的最低收入作为起点。

步骤 2

在项目栏（A）中列出所有每月现金流表格中没有的项目。这些是你无法预算，

项目
A ——→　医院账单——雪球
家得宝（美国家居连锁店）——雪球
额外娱乐支出

但必须留出一笔钱来应对的。

步骤 3

按照优先顺序重新排列各项支出，并且保持累积总计。在这一步中，按照优先顺序排列是至关重要的。例如，食物可比海边旅行重要得多了！

预算	累积总计
460	+460
1,000	=1,460
50	1,510

步骤 4

当拿到薪水之后，在空格（B）里写下所有额外的收入。额外的意思是在每月现金流表格中，任何预算外的金额。

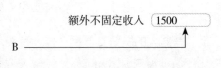

额外不固定收入 1500

B

步骤 5

按支出项目的顺序依次计划每一笔花销，直到钱花完。很可能钱花完了但清单上还有支出项目。没关系的！这也是为什么优先排列很重要的原因。

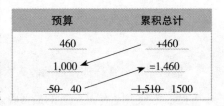

预算	累积总计
460	+460
1,000	=1,460
~~50~~ 40	~~1,510~~ 1500

不固定收入计划表

将任何额外不固定收入
写在这里

额外不固定收入 ⌷

将没有在每月现金流计划中出现的项
目，按优先顺序列出来。

反复将每个预算项目加到累积总计中

项目	预算	累积总计
		+
		=

债务雪球

你已经搞定了应急基金，现在是时候摆脱债务了！

债务雪球表格，不仅可以帮助你快速获得一些胜利，还可以给你意想不到的动力！除了金额最小的债务之外，其他所有债务都按照最小还款额来支付。用羚羊般的紧迫感攻击这些债务吧！尽你所能将每一分钱都投入其中！

步骤 1

按照债务总还款额从小到大排列在表中。不要担心利率，如果两种债务有相似的利率，将利率最高的那个放在前面。

债务	总还款额
诊断费	50
医院账单	460
家得宝	770

步骤 2

尽你一切所能偿还金额最小的债务。一旦还清了一笔债，将这笔债务的金额加到下一笔债务最低还款额中。就好像滚起来的雪球会卷起更多的雪花。明白了吗？

最小还款额		新还款额
~~10~~		~~10~~
~~38~~	+	~~48~~
45	=	93

步骤 3

每还完一笔债，就将这笔债务从表上划掉。这样你就能很清楚地知道，自己离摆脱债务更近了一步！

医院账单
家得宝
~~CHASE 万事达卡~~   我摆脱债务啦！！
汽车贷款

债务雪球表

按照债务余额从小到大排列

还清一笔债务之后，将下一笔最小还
款额加到当前金额里，成为新还款额

债务	总还款额	最小还款额	新还款额
			+
			→ =

储蓄明细

也可称为偿债基金，是你计划的安全保障。

当完全建立起应急基金后，你就要为其他东西存钱了，比如家具、汽车、家庭设施维修或度假等。这张表将会提醒你，你的每一分存款都有去处。

每笔偿债基金的金额　　　　　　　每笔偿债基金的目标余额

项目	余额	目标
应急基金（1）$1,000		
应急基金（2）3–6 个月		
退休基金		
大学教育基金		
房产税		
房主保险		
维修 / 保养费		
更换家具		
汽车保险		
备用汽车		
残障险		
健康险		
看医生		
看牙医		
验光配镜		
人寿保险		
学费 / 学习用品		
礼物（包括圣诞节）		
度假		

项目	余额	目标
更换电脑		
轮胎		
婴儿用品		
其他		

消费净资产表

用你所拥有的减去所欠的，就得到了净资产。

在这张表格里，列出你所有的资产及其价值。如果适用的话，减去所欠的金额。将这一栏的总数相加，表格底端的总净值就是你的净资产。

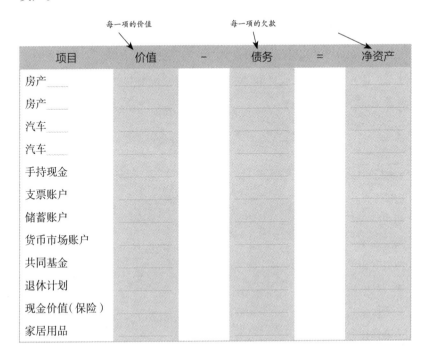

	每一项的价值		每一项的欠款		
项目	价值	–	债务	=	净资产
房产					
房产					
汽车					
汽车					
手持现金					
支票账户					
储蓄账户					
货币市场账户					
共同基金					
退休计划					
现金价值（保险）					
家居用品					

项目	价值	-	债务	=	净资产
珠宝首饰					
古董					
船只					
无担保债务（负）					
信用卡欠款（负）					
其他____					
其他____					

这就是你的净资产

	-	债务合计	=	净资产合计

一次性付款表格

也可称为偿债基金，是你计划的安全保障。

当完全建立起应急基金后，你就要为其他东西存钱了，比如家具、汽车、家庭设施维修或度假等。这张表将会提醒你，你的每一分存款都有去处。

当这一项到期时，你需要多少钱才能完全支付？　　用这个公式来计算你需要多少预算　　这个金额要写在你的月度预算里

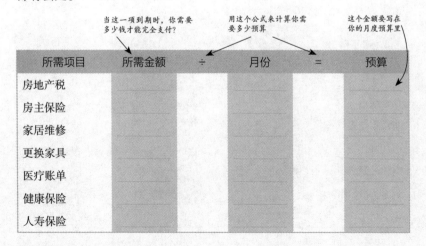

所需项目	所需金额	÷	月份	=	预算
房地产税					
房主保险					
家居维修					
更换家具					
医疗账单					
健康保险					
人寿保险					

所需项目	所需金额	÷	月份	=	预算
残障险					
汽车保险					
汽车维修 / 吊牌					
更换汽车					
衣物					
学费					
纸币					
国税局 （自由职业人士）					
度假					
礼物 （包括圣诞节）					
其他					
其他					

主要组成部分

你的财务计划总会有很多变动。

所以你必须清楚什么时间需要做什么事。这张表格所展示的，是任何一个成功的计划里都必须要做的事情。一行一行仔细地阅读，然后记下每一项都需要做什么，并且为其设定一个截止日期。

项目	所需行动	行动日期
书面现金流计划		
遗嘱 / 房屋遗产计划		
债务削减计划		
减税计划		

项目	所需行动	行动日期
应急基金		
退休基金		
大学教育基金		
慈善捐赠		
孩子教育费		
人寿保险		
健康保险		
残障险		
汽车保险		
房主保险		
租户保险		
长期护理险		
身份盗用险		

建议百分比

生活中的不同方面应该花多少钱呢？

根据经验和研究数据，我们给出了一些建议的百分比。如果你发现某一项的支出比我们建议的要多，可以考虑调整这一项的生活方式，以便在整体上获得更多的自由度和灵活性。当然，这些只是建议。如果你的收入比较高，在食物等方面的支出可能就会较低。

使用这个公式得出目标百分比
每月总收入 X 建议百分比

使用这个公式得出实际百分比
预算金额 ÷ 每月总收入 X 100

项目	建议百分比 %	目标	实际
慈善捐款	10–15%		
储蓄	10–15%		

项目	建议百分比 %	目标	实际
住房	25–35%		
公共设施费	5–10%		
食物	5–15%		
交通	10–15%		
衣物	2–7%		
医疗 / 健康	5–10%		
保险	10–25%		
个人费用	5–10%		
娱乐消遣	5–10%		
债务	5–10%		

收入来源概要

钱是好东西，如果你能赚到的话。

你的钱已经有来处了对吧？那就写下从哪里来的。这张表格列出了你每一项收入的来源。没有所谓的"意外之财"。每一项收入都很重要，而且都要算在预算内！

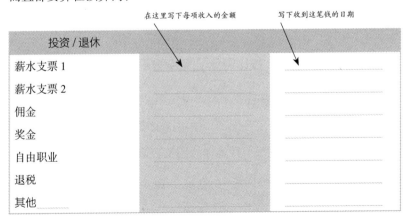

在这里写下每项收入的金额　　　　　写下收到这笔钱的日期

投资 / 退休		
薪水支票 1		
薪水支票 2		
佣金		
奖金		
自由职业		
退税		
其他		

投资 / 退休		
投资收入		
股息收入		
租金收入		
信托基金		
社会保险		
退休金		
年金		
其他_____		
其他		
残疾人收入		
赡养费		
子女抚养费		
贫困家庭临时救助		
现金礼物		
失业补助		
其他_____		

将所有金额相加，
将总计写在这里 ⟶ [   ]

按比例分配债务表格

"我连最小还款额都还不上！"没关系，我们对此有计划。

按比例指的是"公平分配"。使用这个表格来计算每个贷方所占你收入的百分比，然后每个月将你的还款、这张表格连同你的预算一起寄给他们，哪怕他们不接受。

步骤 1

从家庭收入（A）中减去必要支出（B），你将得到可支配收入（C）。这个金额就是在你购买了所有必需品之后，需要支付债务的钱。

A ——▶ 家庭收入

B ——▶ 必要支出　－

C ——▶ 可支配收入　＝

步骤 2

写下你的债务总额（D）。找出你所有的账单，将每月最低还款额加起来，将这个金额写在总计最低还款总额（E）空格里。如果总计最低还款金额高于你的可支配收入（C），那么你就需要使用按比例分配债务表格了。

D ——▶ 债务总额

E ——▶ 最低还款总额

项目	支付金额	÷	债务总额	＝百分比	×	可支配收入金额	＝新支付金额
F	G		H	I		J	K

步骤 3

在项目（F）栏里列出每一个债务，并且在支付金额（G）栏里写下债务支付总额。在表格的最上面写上债务总额（H）以及可支配收入金额（J）。

步骤 4

用支付金额（G）除以债务总额（H），得到百分比（I）。这个百分比数字，就是每个贷方在你的可支配收入中的公平分配比例。

步骤 5

用可支配金额（J）乘以百分比（I），就得到了新支付金额（K）。这个数字就是你需要付给这个贷方的金额。用这个公式，对表格里列出的所有债务计算，得出按比例分配的债务金额。

按比例分配债务清单

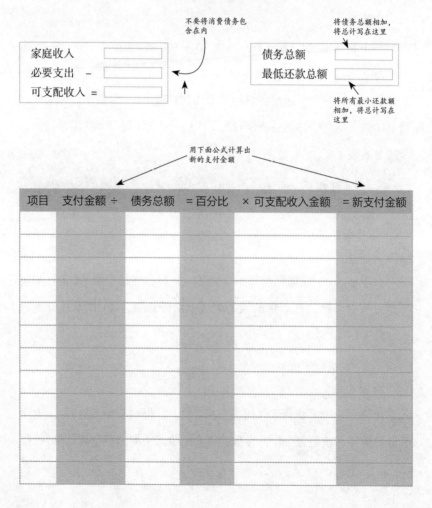

不要将消费债务包含在内

将债务总额相加，将总计写在这里

家庭收入	
必要支出 −	
可支配收入 =	

| 债务总额 | |
| 最低还款总额 | |

将所有最小还款额相加，将总计写在这里

用下面公式计算出新的支付金额

项目	支付金额 ÷	债务总额	＝百分比	× 可支配收入金额	＝新支付金额

项目	支付金额 ÷	债务总额	＝百分比	× 可支配收入金额	＝新支付金额